柴油机
高原低温起动技术

CHAIYOUJI GAOYUAN DIWEN QIDONG JISHU

董素荣 等 编著

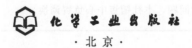

化学工业出版社

·北京·

内容简介

本书系统地介绍了高原低气压低温环境对柴油机起动性能的影响机制、柴油机高原低温起动性能试验与评价方法,重点论述了提高柴油机高原低温起动性能的技术措施,是该领域研究成果的梳理和总结。主要内容有柴油机高原低温起动机理研究、柴油机高原低温起动性能试验与评价方法、柴油机高原低温起动过程喷油参数优化技术及柴油机高原低温起动电源技术、预热技术、集成技术。

本书可供从事柴油机高原低温环境适应性研究的科研工程技术人员、研究生及相关专业学生和管理人员参考使用。

图书在版编目(CIP)数据

柴油机高原低温起动技术 / 董素荣等编著. —北京:
化学工业出版社,2021.12(2022.11重印)
ISBN 978-7-122-40021-5

Ⅰ.①柴… Ⅱ.①董… Ⅲ.①低温-影响-柴油机-
起动过程-研究②低压-影响-柴油机-起动过程-研究
Ⅳ.①TK427

中国版本图书馆 CIP 数据核字(2021)第 197690 号

责任编辑:韩亚南 张 龙　　　　　　文字编辑:蔡晓雅 师明远
责任校对:张雨彤　　　　　　　　　　装帧设计:王晓宇

出版发行:化学工业出版社(北京市东城区青年湖南街 13 号　邮政编码 100011)
印　　装:北京七彩京通数码快印有限公司
710mm×1000mm　1/16　印张 10¼　字数 180 千字　2022 年 11 月北京第 1 版第 2 次印刷

购书咨询:010-64518888　　　　　　　售后服务:010-64518899
网　　址:http://www.cip.com.cn

凡购买本书,如有缺损质量问题,本社销售中心负责调换。

定　　价:98.00 元

前言

我国海拔超过 1000m 的高原地域面积约有 358 万平方公里，约占我国国土面积的 37%。青藏高原是最为典型的高原，平均海拔 4000m 以上，面积约 250 万平方公里，有"世界屋脊"和"第三极"之称。随着"西部大开发"战略和"一带一路"倡议的实施，基础设施、基础建设的大量投入，对以柴油机为动力的各种车辆、工程机械等装备的需求量日益增加。作为车辆和工程机械等装备动力源的柴油机，高原低温环境适应性也越来越受到关注。

在高原地区，随着海拔的升高，大气压力和温度逐渐下降。海拔每升高 1000m，大气压力平均下降 9.5kPa，大气温度平均下降 4℃。据 1981—2010 年中国气象数据记载，青藏高原地区最低气温达到 -44.6℃，呈现典型的低气压、低温环境特点。高原低气压、低温双重因素的影响，使柴油机进气温度和压力降低，混合气浓度增大，导致柴油机高原低温起动更加困难。本书是对柴油机高原低温起动机理、高原低温起动性能试验与评价方法、喷油参数优化技术以及高原低温起动辅助技术等国内外研究成果的梳理和总结。本书共七章，包括概述、柴油机高原低温起动机理研究、柴油机高原低温起动性能试验与评价方法、电控柴油机高原低温起动过程喷油参数优化技术、柴油机高原低温起动电源技术、柴油机高原低温起动预热技术、柴油机高原低温起动集成技术。

本书由董素荣编著，刘瑞林审阅，刘增勇、周广猛、张众杰、刘泽坤、刘伍权、李玉兰、赵旻、刘刚参与编写。本书引用了大量国内外研究机构的试验研究资料、学术论文和专著，在此向这些文献的作者一并表示衷心的感谢！

由于笔者水平有限，对于柴油机高原低温起动技术的诸多问题研究还不够深入，书中难免存在疏漏，希望相关领域专家学者多提宝贵意见，恳请广大读者批评指正。

编著者

目录

第1章
概　述

在高原地区，随着海拔的升高，大气压力和温度下降，空气含氧量降低，使柴油机进气温度和压力降低，进气量减少，混合气浓度增加，双重因素导致柴油机高原低温起动更加困难，直接影响着以柴油机为动力的机械装备性能的发挥。因此，开展柴油机高原低温起动技术研究具有非常重要的意义。本章主要介绍青藏高原环境特点，分析柴油机高原低温起动性能影响因素。

1.1　青藏高原环境特点

青藏高原地域辽阔，总面积约 250 万平方公里，占中国陆地总面积的 1/4，平均海拔 4000m 以上，有"世界屋脊"和"第三极"之称。青藏高原周围大山环绕，南有喜马拉雅山，北有昆仑山和祁连山，西为喀喇昆仑山，东为横断山脉。青藏高原地势西北高东南低，形成了明显的区域差异：西北部海拔超过 5000m；高原中部黄河、长江源地区海拔约 4500m；到东南部的四川阿坝和甘肃西南，则降至 3500m 左右。

青藏高原的气候特点概括起来主要为"三低两强"，即"气压低、气温低、空气含氧量低，紫外线强、风沙强"。随着海拔的升高，大气压力下降，空气密度减小，含氧量降低；平均气温下降，昼夜温差大，年低温期长；气候干燥，降水量低，蒸发量高；日照时间长，紫外线辐射强；风大、沙尘大；水的沸点低等。表1-1 给出了我国气压、气温、空气密度、湿度、水沸点等参数与海拔的对应关系。

表 1-1　我国气压、气温、空气密度、湿度、水沸点等参数与海拔的对应关系

序号	环境参数		海拔/m					
			0	1000	2000	3000	4000	5000
1	气压/kPa	年平均	101.3	90.0	79.5	70.1	61.7	54.0
		最低	97.0	87.2	77.5	68.0	60.0	52.5
2	空气温度/℃	最高	45	45	35	30	25	20
		最高日平均	35	35	25	20	15	10
		年平均	20	20	15	10	5	0
		最低	5,−5,−15,−40,−45					
		最大日温差/℃	15,25,30					
3	空气密度/(kg/m³)		1.225	1.112	1.006	0.909	0.819	0.763
4	水沸点/℃		100.0	96.9	93.8	91.2	88.6	86.7
5	相对湿度/%	最湿月月平均最大（平均最低气温）/℃	95,90 (25)	95,90 (25)	90 (20)	90 (15)	90 (10)	90 (5)
		最干月月平均最小（平均最高气温）/℃	20 (15)	20 (15)	15 (15)	15 (10)	15 (5)	15 (0)
6	绝对湿度/(g/m³)	年平均	11.0	7.6	5.3	3.7	2.7	1.7
		年平均最小值	3.7	3.2	2.7	2.2	1.7	1.3
7	空气含氧量(20℃)/(g/m³)		323.0	280.5	253.4	223.4	196.4	172.1
8	最大太阳直接辐射强度/(W/m²)		1000	1000	1060	1120	1180	1250
9	年平均紫外线辐射强度/(W/m²)		54.0	57.7	61.0	65.0	67.7	71.0
10	最大风速/(m/s)		25,30,35,40					
11	最大 10min 降水量/mm		15,30					

　　注：在最低空气温度、最大日温差、最大风速、最大 10min 降水量等几项中可取所列数值之一。

（1）大气压力低、空气密度小、空气含氧量低

不同海拔地面的大气压力是由当地单位面积上垂直空气柱的重力所决定的。随着海拔的上升，大气压力下降，空气密度逐渐减小，空气中的含氧量下降。海拔每升高 1000m，空气密度下降约 6%～10%，含氧量下降约 10%。在海拔 5000m 处，空气中的含氧量仅为海平面的 53%。

据有关资料可知，同大气温度相比，大气压力随海拔的变化最为迅速，海拔平均每升高 1000m，下降率达到 9.34%，大气压力与海拔的对应关系为：

$$p_{air} = p_0(1 - 0.02257H)^{5.256} \tag{1-1}$$

式中，p_0 为标准大气压力，kPa；H 为海拔，m。

（2）天气寒冷，昼夜温差大

青藏高原高海拔所导致的相对低温和寒冷突出，地表气温远比同纬度平原

地区低，是地球上同纬度最寒冷的地区。青藏高原最冷月平均气温低达$-15\sim$
$-10℃$，极端最低气温$-44.6\sim-27℃$；最热月（7月）月平均气温 $5.5\sim$
$13.6℃$，极端最高气温 $19.2\sim28.7℃$，与中国温带地区大体相当；7月平均气
温比同纬度低海拔地区低 $15\sim20℃$。据统计，海拔每上升 1000m，大气温度则
下降 $6.5℃$；海拔越高，年低温期越长，海拔 4000m 以上的地区，年平均气温
在$-4℃$以下。

高原气候的另一显著特点是气温的温差大，1月高原气温日差变幅在 $12\sim$
$20℃$，7月气温日差变幅在 $8\sim12℃$。高原上气温日差比同纬度低地大一倍左
右，具有山地与高山的特色。

（3）日照时间长，太阳辐射和紫外线辐射强

青藏高原海拔高、空气稀薄、云层较少，空气透明度好，日照辐射特别强，
直接辐射值高，有效辐射值大。青藏高原太阳总辐射最高值超过 $8500MJ/(m^2 \cdot a)$，
比同纬低海拔地区高 $50\%\sim100\%$。在太阳总辐射分量中，青藏高原地区太阳直
接辐射值占有较大比重，年平均值一般超过 $3800MJ/(m^2 \cdot a)$，占总辐射量的
$60\%\sim70\%$。因此，青藏高原的太阳能资源相当丰富。

（4）气候类型复杂、垂直变化大

青藏高原幅员辽阔，地势西北高、东南低，藏北高原海拔达 $4500\sim5000m$，
藏东南谷地海拔 1000m 以下。复杂的地形，破坏了气候的纬度地带性，使气候
的水平变化与垂直变化交织在一起，气候类型复杂多样。不仅具有西北严寒干
燥、东南温暖湿润的特点，而且呈现出由东南向西北的带状更替。

（5）气候干燥，风沙大

青藏高原属于典型的荒漠半荒漠地带，降水量少，蒸发量大，气候干燥，
大风天气多，空气含尘率高达 $1000\sim3000mg/m^3$。据统计，每年平均 6 级以上
大风天气就 120 多天，其中 8 级以上的占 60%，年平均风速达 17m/s，最大风
速可达 28m/s。

1.2　柴油机高原低温起动影响因素

为了使静止的柴油机进入工作状态，必须先用外力转动柴油机曲轴，使活
塞开始往复运动，汽缸内吸入新鲜空气，并将其压缩，在压缩行程接近终了时
喷入柴油，形成可燃混合气、压燃，体积迅速膨胀产生强大的动力，推动活塞
运动并带动曲轴旋转，柴油机才能自动地进入工作循环。柴油机的曲轴在外力
作用下开始转动到柴油机自动怠速运转的全过程，称为柴油机的起动过程。起
动系统的功用就是在正常使用条件下，通过起动机将蓄电池储存的电能转变为

机械能，带动柴油机以足够高的转速运转，以顺利起动柴油机。

柴油机起动时，必须克服汽缸内被压缩气体的阻力和柴油机本身及其附件内相对运动的零件之间的摩擦阻力，克服这些阻力所需的力矩称为起动转矩。

能使柴油机顺利起动所必须的曲轴转速，称为起动转速。对于柴油机的起动，为了防止汽缸漏气和热量散失过多，保证压缩终了时汽缸内有足够的压力和温度，还要保证喷油泵能够建立起足够的喷油压力，使缸内形成足够强的空气涡流。柴油机要求的起动转速较高，达 150～300r/min；否则柴油雾化不良，混合气质量不好，柴油机起动困难。

因此，柴油机顺利起动必须具备足够大的起动转矩和起动转速。在高原低温环境中，海拔（大气压力）和低温对柴油机的起动性能产生重大的影响。由于高原地区海拔高（大气压力低）、空气含氧量少、昼夜温差大、寒冷季节长，使柴油机进气温度和流量同时下降，造成柴油机缸内压缩终了的温度和压力下降，导致缸内混合气及着火条件达不到柴油机压燃和续燃要求。此外，随着环境温度的降低，蓄电池的输出功率也相应下降，导致柴油机起动功率下降，使柴油机不能达到起动必需的最低转速。因此，柴油机在高原低温条件下起动更加困难。

1.2.1 柴油机起动过程

柴油机的起动过程属于过渡工况，并且是一个瞬态过程的集合。JB/T 9773.2—1999《柴油机　起动性能试验方法》中将柴油机冷起动过程分为四个阶段，如图 1-1 所示。

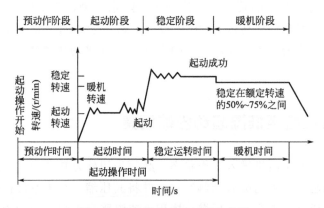

图 1-1　柴油机冷起动过程示意图

① 预动作阶段。在起动柴油机之前进行的准备操作（如预热进气、喷注起动液、接通电热塞、开启低温起动加热器等）的阶段，即从起动操作开始到转

动曲轴瞬间所经历的阶段，其所经历的时间为预动作时间，在这个阶段中可以根据需要对柴油机进行预热等。

② 起动阶段。从柴油机靠外力拖动曲轴转动开始，直至柴油机转速超过起动机的转速而自行运转，转速开始持续上升时的阶段，其所经历的时间为起动时间。如果由于蓄电池、燃油、预热等原因造成柴油机转速不能超过起动机的转速则为起动失败。

③ 稳定阶段。从柴油机在起动后转速持续上升、不再借助外力拖动，直至达到稳定运转时的阶段，其所经历的时间为稳定运转时间。在此阶段中，起动辅助措施均允许继续工作。在这个阶段中，柴油机的冷起动过程与常温起动过程有很大差别，在冷起动时各汽缸内的燃烧极不稳定会出现失火，断续的着火使汽缸内压力峰值大小有较大差别，柴油机运转极不稳定，可能造成冷起动失败。

④ 暖机阶段。柴油机稳定运转后，调整转速在标定值的 $50\%\sim75\%$ 之间进行暖机，直至可以加负荷为止的阶段为暖机阶段，其所经历的时间为暖机时间。在暖机期间，低温起动加热装置可以继续工作。暖机结束后，低温起动加热器也应停止工作（蓄电池保温箱除外）。此时柴油机不需要任何起动措施而能自行运转并向暖机和怠速工况平稳过渡。所以，柴油机冷起动时间即为预动作时间、起动时间、稳定运转时间、暖机时间之和，是评价柴油机起动性能质量的主要指标。

1.2.2　影响柴油机起动性能的因素

（1）起动系统主要装置的影响

柴油机起动系统主要装置包括蓄电池、起动机、起动继电器等。低温起动过程中，起动转速与蓄电池放电性能、起动机功率以及柴油机起动阻力矩密切相关，直接影响起动初期的压缩终了温度和压力。柴油机转速越低，活塞与汽缸壁之间漏气损失越大，压缩终了的压力和温度也就越低。

蓄电池是柴油机起动前期唯一的能量提供装置。低温环境下，蓄电池的电解液黏度和内阻增大，电极电化学反应速率降低，加剧了电极浓差极化的影响，蓄电池的容量降低。

起动机在起动阶段主要是拖动曲轴运转，给予柴油机运转初期的压缩能力。一方面促使可燃混合气形成，另一方面在柴油机转速上升阶段起助力作用。柴油机起动系统的输出功率取决于蓄电池的容量。

（2）使用环境的影响

使用环境主要是指环境温度和环境压力，环境温度直接影响柴油机本体温度，即影响柴油机摩擦阻力和缸内初期温度；环境压力实际上就是海拔因素，主要影响压缩终了压力、进气量和空燃比。

环境温度是影响柴油机低温起动性能的主要因素之一。不同环境温度对柴油机压缩温度和压缩压力有着非常显著的影响。低温条件下，柴油机缸内气体温度较低，燃油喷射雾化质量变差，附壁燃油量增多。且由于燃烧室壁面温度较低，使得附壁燃油难以蒸发，造成缸内燃油蒸发量减少，起动性能变差。另外，低温下的柴油机阻力增大也是制约其顺利起动的另一方面因素。

环境压力影响柴油机进气量以及缸内压缩压力的大小。高原低温环境下进气量减小，缸内压缩压力降低，极大增大了低温起动的难度。研究结果表明，柴油机在温度－30℃、0.7atm❶ 环境下，柴油机性能严重下降，且起动转速波动较大。

（3）喷油参数的影响

低温起动过程中，柴油机转速低、缸内压缩压力和温度较低等因素，导致燃油喷射雾化质量下降，造成滞燃期变长，因此适当推迟喷油，有利于燃油的雾化蒸发。喷油时刻过早使燃油喷射贯穿距增大，将导致燃油附壁现象。研究表明，在高海拔环境下，增加10%起动油量不仅不会缩短柴油机起动时间，反而会造成柴油机严重失火，最终起动失败；减少10%起动油量，相比原机缩短起动时间60%，起动后柴油机转速波动较小。因此，在高海拔低温环境下，适当降低喷油量，有利于提高柴油机高原低温起动性能。

（4）燃料特性的影响

燃料特性对柴油机低温起动过程的影响主要是由十六烷值和挥发性决定的。燃料的挥发性较好时，有利于缸内可燃混合气的形成，提高柴油机的着火燃烧性能。当十六烷值由50变到60时，对滞燃期的影响很小；而当十六烷值降到50以下时，滞燃期将随十六烷值的降低而迅速增大。

（5）压缩比的影响

压缩比是影响缸内压缩压力和温度的一个重要的影响因素。提高压缩比，增大缸内压缩终了的压力和温度，一方面有利于改善燃油喷雾性能，减少燃油附壁量，促进油滴蒸发；另一方面则有利于提高混合气焰前反应速率，缩短滞燃期。

1.2.3　柴油机低温起动措施

低温起动措施本质上均是通过以下两个方面改善柴油机低温起动性能：一个方面是促进柴油机低温起动过程缸内混合气形成，这常用于柴油机的初始设

---

❶　1atm（标准大气压）＝101325Pa。

计，另一个方面是改善缸内混合气的着火条件，缩短混合气的滞燃期，是柴油机设计和实际应用相结合的方式。除了柴油机进排气系统和燃烧室优化等本体设计以外，目前常用的改善柴油机低温起动性能的措施有以下 9 个方面。

（1）提高柴油机压缩比

压缩比越大，压缩终了时缸内压力和温度也就越高，有利于燃油和空气的混合，增加燃油蒸发量，减少燃油附壁量，改善雾化特性，温度升高也有利于缩短滞燃期，改善起动燃料着火性。但是为了综合考虑柴油机整体性能，目前的高增压大功率柴油机中，为了限制柴油机的最高燃烧压力，多采用了降低压缩比的方式，这导致了低温起动性能变差。

（2）采用进气节流

采用进气节流，虽然导致汽缸内压力下降，但同时会减少进入汽缸内的冷空气量，增加了泵吸功和汽缸内残余废气，这样就相对提高了汽缸内的温度，从而提高了压缩比，可改善柴油机的起动性能。但是该方法并不适用于所有机型和极端环境，对于低转速过量空气系数不足的情况会产生空燃比严重下降而导致燃烧恶化的情况，比如高原环境下。另外，对于极寒环境，进气节流部件的控制稳定性不佳，控制偏差导致的低温起动性能下降也较难评估。

（3）合适的起动机起动特性

低温起动时，起动转速增加，在一定程度上能提升缸内的压力、温度，加速缸内的气流运动，同时改善混合气的着火条件。当起动转速过低时，因机体、冷却液温度较低，传热损失较大，且柴油机初期燃烧效率低，极端情况下仅靠柴油机自身着火燃烧做功很难将转速提升至怠速，此时起动机的助力就尤为关键。另外，起动机低温下性能会衰减，需要重点匹配。因此，起动机选择应保证拖动转速在合理范围之内，同时保证起动机在柴油机起动初期的助力作用。

（4）柴油机喷油策略优化

高压共轨柴油机，喷油时刻、喷油量、喷油压力以及喷油规律可以灵活控制。根据多年的低温起动试验研究可以得到以下基本喷油策略：

① 采用多次喷射、适当的预喷可以缩短起动时间，降低 HC（碳氢化合物）排放。

② 精确控制起动阶段各个转速下的喷油时刻。一般来说，转速越低喷油提前角越小越好。

③ 适当降低起动初期的喷油压力。通过弱化燃油雾化，来提高初始燃烧时缸内温度，避免过度雾化过程中燃油的吸热过多。

（5）进气预热

进气预热是目前柴油机最常用的低温起动措施。进气预热方式一般有预热塞、进气加热栅格、火焰预热和PTC（正温度系数）陶瓷进气预热等形式。

预热塞一般直接嵌入汽缸盖中，采用该方式的柴油机缸盖需要设计和加工对应的固定装置，设计变更复杂。它可以在30s内直接加热到900℃左右的高温，燃油喷射至预热塞头部及附近时可以直接引燃，加上压缩时的高温，以点带面可以有效提高柴油机低温起动性能。该类方式较常见于非直喷（分隔式燃烧室）轻型柴油机。

进气加热栅格安装于进气管上，采用该方式的柴油机不需要做复杂的变更，仅需要增加一段接管。它和预热塞的本质都是一种加热电阻，是通过外部电源加热自身，它可以在40s内加热到850℃左右的高温。潍柴动力股份有限公司的重型电控柴油机以及部分轻型柴油机均采用该方式。

火焰预热是将低压油路接至进气中，从低压油路中获取柴油，通过火焰预热器点燃柴油，加热进气管中的空气，进而提升起动时的进气温度。该方式常见于低端非电控类柴油机中。

PTC陶瓷进气预热装置是在进气管中布置一个加热储能体，以储热热交换方式工作。起动前6~8min（在-41℃左右的极低温度下，可延长到10min），用小电流将储能体加热到设定温度，这样在起动过程中，储能体可以作为一个热源不断地向进入缸内的空气提供热量，可使进入缸内的空气温度达150℃左右。高温气体进入汽缸被压缩，能形成足以使柴油着火的压缩温度。因此，低温下使用此装置柴油机容易起动。

（6）柴油机机体预热

为了保证-41℃下的柴油机低温起动性能，一般都安装燃油加热器，预热柴油机冷却液，提高机体温度，改善柴油机低温起动性能。此外，还可以通过加热油底壳机油，提高柴油机机体温度，降低起动阻力。

（7）提高蓄电池的低温放电能力

蓄电池的低温放电能力直接决定了柴油机低温起动时的拖动转速。温度降低时，蓄电池的放电能力下降，起动性能较差。目前，柴油车辆多采用铅酸蓄电池。改善蓄电池的低温性能可以采用三种方法：一是采用低温蓄电池；二是采用蓄电池保温装置；三是采用固体胶状蓄电池或其它高性能电池。

（8）采用起动液

在柴油机起动前或起动过程中，向进气管中喷注少量易燃燃料，促进混合气的着火。这是一种行之有效的起动辅助措施，它可使柴油机在完全无法着火或基本不着火的极端严寒条件下实现起动。尽管使用起动液可以提高柴油机的低温起动性能，但是起动液浓度过高时有爆炸的危险；另外，长期使用起动液起动会导致柴油机磨损严重，使用寿命降低。

（9）采用喷灯

采用喷灯对柴油机油底壳机油进行升温，达到降低机油黏度，减小起动阻力矩的目的，从而顺利起动柴油机。但是，长期使用喷灯，不仅会造成油底壳损坏，而且还有可能引起火灾。

参考文献

[1] 刘瑞林，董素荣，许翔，等．柴油机高原环境适应性研究 [M]．北京：北京理工大学出版社，2013.

[2] 刘瑞林，李玉兰，董素荣，等．装甲车辆环境适应性研究 [M]．北京：北京理工大学出版社，2019.

[3] GJB 7251—2011，后勤装备高原环境适应性通用技术要求 [S].

[4] 姚永慧，张百平．青藏高原气温空间分布规律及其生态意义 [J]．地理研究，2015，34（11）：2084-2094.

[5] 郑度，赵东升．青藏高原的自然环境特征 [J]．科技导报，2017，35（6）：13-22.

[6] 季维生．浅析高原环境中柴油机的低温启动与功率补偿 [J]．西部探矿工程，2006，（增刊）：329-330.

[7] 董素荣，张恒超，靳尚杰，等．进气预热对车用柴油机低温起动性能影响的研究 [J]．军事交通学院学报，2009，（11）：41-44.

[8] 何西常．高原环境条件下高压共轨柴油机起动过程研究 [D]．军事交通学院，2014.

第2章
柴油机高原低温起动机理研究

　　高原地区海拔高、气压低，相比平原环境温度也有大幅下降，因此高原地区柴油机低温起动性能一直是高原适应性的重要指标。柴油机能否顺利起动主要取决于三个因素：起动转速、压缩终了压力和温度、混合气浓度。低温条件下，柴油机起动转速下降，压缩终了温度降低，柴油雾化质量下降，导致柴油机起动困难。在高原地区，大气压力和温度均较低，除了低温条件对柴油机起动性能的不利影响外，还有压缩终了压力降低、缸内混合气浓度增加等突出问题，使柴油机在高原环境条件下起动更加困难（图2-1）。本章主要介绍高原环境条件（低气压、低温）对柴油机起动过程的影响机理。

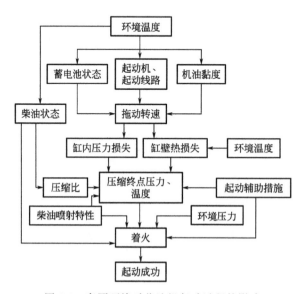

图 2-1　高原环境对柴油机起动过程的影响

2.1　高原环境对柴油机起动转速的影响

柴油机起动转速取决于起动功率和起动阻力矩的大小。起动功率越大、阻力矩越小，则起动转速越高，柴油机起动能力越强。但是，随着环境温度的下降，一方面起动机供电电源——蓄电池电解液（稀硫酸溶液）浓度增大、内阻增加，起动电流降低，输出功率下降，导致起动转速降低；另一方面，柴油机低温起动时机油黏度增大，起动阻力增加。因此，在低温条件下，由于蓄电池容量降低和起动阻力矩增大的双重影响，使起动转速降低，最后导致柴油机不能起动。

2.1.1　高原低温环境对蓄电池使用特性的影响

蓄电池是一种可逆的低压直流电源，即能将化学能转换为电能，也能将电能转换为化学能。铅酸蓄电池具有电动势高、内阻小、放电电压平稳等优点，比较适应汽车起动时短时间内大电流放电的需要。因此，汽车蓄电池大都采用结构简单、价格低廉的起动型铅酸蓄电池（简称蓄电池）。然而，高原环境的特点是昼夜温差大，夜间温度低，蓄电池的放电能力降低，会大大影响柴油机的低温起动性能。

铅酸蓄电池正极板上的活性物质是二氧化铅（PbO_2），负极板是海绵状铅（Pb），电解液是硫酸（H_2SO_4）水溶液。根据双硫化理论，当蓄电池与负载接通放电时，正极板上的 PbO_2 和负极板上的 Pb 都将转化成硫酸铅（$PbSO_4$），电解液中的 H_2SO_4 减少、相对密度下降。当蓄电池接通直流电源充电时，正、负极板上的 $PbSO_4$ 又将分别恢复原来的 PbO_2 和 Pb，电解液中的 H_2SO_4 增加，相对密度增大。

（1）低温对蓄电池容量的影响

蓄电池容量是指在规定的放电条件（放电温度、放电电流和终止电压）下，蓄电池能够输出的电量，用 C 表示。当恒流放电时，蓄电池容量等于放电电流与放电时间的乘积，即：

$$C = I_f t_f \tag{2-1}$$

式中，C 为蓄电池容量，$A \cdot h$；I_f 为放电电流，A；t_f 为放电持续时间，h。

容量是反映蓄电池对外供电能力、衡量蓄电池质量优劣以及选用蓄电池的重要指标。容量越大，可提供的电能越多，供电能力也越大；反之，容量越小，则供电能力越小。

蓄电池容量与电解液温度、放电电流、放电终止电压和放电持续时间密切相关。放电电流越大，极板表面活性物质的孔隙会很快被生成的硫酸铅堵塞（硫酸铅的体积是二氧化铅的 1.92 倍、铅的 2.68 倍），使极板内层的活性物质不能参加化学反应，因此蓄电池容量减小。此外，放电电流越大，电压下降越快，放电"终了"现象将提前出现。如果继续放电，则将导致过度放电而影响蓄电池使用寿命。因此，在起动柴油机时，必须严格控制起动时间，每次接通起动机的时间不得超过 15s，再次起动应间隔 2min 以上时间。

电解液温度降低则蓄电池容量减小。这是因为温度降低时，电解液黏度增大，渗入极板内部困难，使离子扩散速度和化学反应速率降低；同时电解液电阻也增大，使蓄电池内阻增加，消耗在内阻上的电压降增大，蓄电池端电压降低，允许放电时间缩短，因此容量减小。

温度对蓄电池的容量影响很大。根据相关理论研究，温度和蓄电池容量的关系式为：

$$C_t = C_e[1 + K(t - 25)] \tag{2-2}$$

式中，C_t 为温度 $t℃$ 时的蓄电池容量，A·h；C_e 为温度 25℃ 时的蓄电池容量，A·h；K 为温度系数，与放电速率有关，当采用 $C/10$ 放电时（C 为蓄电池额定容量），K 为 0.006/℃，当采用 $C/3$ 放电时，K 为 0.008/℃，当采用 $C/1$ 放电时，K 为 0.01/℃；t 为环境温度，℃。

以额定容量为 180A·h 的蓄电池为例，分别以 18A($C/10$)、60A($C/3$) 和 180A($C/1$) 的放电电流放电时，其在不同温度下的实际容量见表 2-1。可见，−20℃ 时，蓄电池在 3 种电流下放电时的实际容量分别为额定容量的 73%、64% 和 55%；当温度达到 −40℃ 时，其实际容量进一步降低到额定容量的 61%、48% 和 35%。

表 2-1　不同温度下蓄电池的实际容量　　　　　　　A·h

放电电流/A	温度/℃									
	−50	−40	−30	−20	−10	0	10	20	30	40
18 ($C/10$)	99 (50%)	109.8 (61%)	120.6 (67%)	131.4 (73%)	142.2 (79%)	153 (85%)	163.8 (91%)	174.6 (97%)	185.4 (103%)	196.2 (109%)
60 ($C/3$)	72 (40%)	86.4 (48%)	100.8 (56%)	115.2 (64%)	129.6 (72%)	144 (80%)	158.4 (88%)	172.8 (96%)	187.2 (104%)	201.6 (112%)
180 ($C/1$)	45 (25%)	63 (35%)	81 (45%)	99 (55%)	117 (65%)	135 (75%)	153 (85%)	171 (95%)	189 (105%)	207 (115%)

综上所述，低温下蓄电池的实际容量减小，导致蓄电池放电能力降低，造

成柴油机起动困难。因此，温度越低越需控制蓄电池的放电程度。通常，冬季蓄电池的放电程度不得超过额定容量的 25%。

(2) 低温对蓄电池充电特性的影响

蓄电池充电过程是将电能转化为化学能的过程。在蓄电池恒流充电初期，活性物质和电解液的作用是在极板孔隙中进行，生成的 H_2SO_4 使孔隙内的电解液密度迅速增大，蓄电池端电压迅速上升。随着硫酸增多，并不断向周围扩散，当极板孔隙内生成 H_2SO_4 的速度与向外扩散的速度达到动态平衡时，端电压便随着电解液密度的升高而上升。在蓄电池基本充足电时，电解液中开始产生气泡，此时极板上的活性物质已基本转变为 PbO_2 和 Pb，部分充电电流已经用于电解水，生成了氢气与氧气。随着充电时间的增长，电解水的电流增大，产生的氢气和氧气增多，就会呈现所谓的"沸腾"现象。若长时间过充电，极板内部产生大量气泡形成局部压力而加速活性物质脱落，使极板过早损坏。

蓄电池在低温充电时，由于 $PbSO_4$ 的溶解度和溶解速率降低，使得充电的前置过程受到制约；H_2SO_4 电解液在低温下的扩散系数降低，导电性下降，导致充电速率和效率降低。同时，低温下电解液也存在着从液相向固相的凝固，这将给充电过程带来严重后果。负极析氢在低温充电的情况下显著加剧，使蓄电池达到较高的荷电态，充电过程的失水量较大，因而充电效率下降。对于 Pb-Sb 合金的板栅而言，Sb 对析氢过电位降低的影响在低温下有加剧的可能。无论是 $PbSO_4$ 晶体还原到 Pb 还是氧化到 PbO_2，在多孔电极的情况下，都可能在低温下导致冰晶的产生，这将引起孔隙的堵塞，使某些区域的电化学反应停止。

低温下铅酸蓄电池正负极在充电过程中的容量特征（表 2-2）研究表明，随着温度的降低，某铅酸蓄电池负极充电容量减少的幅度明显高于正极，正极的充电容量在 -10℃ 时为常温下的 84%，负极为常温下的 62%；正极的充电容量在 -20℃ 时仍有常温下的 75% 以上，而负极还不及常温下的 50%。通过对正负极充电容量的比较，得出铅酸蓄电池负极的充电容量是蓄电池充电机制的制约因素。因此，通过控制铅酸蓄电池负极的充电容量来制定整个蓄电池的充电机制是合理的。

表 2-2　不同温度的铅酸蓄电池正负极充电容量

温度/℃	正极充电容量/(A·h)	负极充电容量/(A·h)
25	15.6	14.8
0	14.8	11.4
-10	13.1	9.2
-20	11.9	7.1

太原理工大学利用低温实验柜模拟南极低温环境，对铅酸蓄电池进行了不同低温环境下充电实验。实验分别采用 1A、2A 和 3A 的充电电流在−10℃、−20℃和−30℃的环境温度下对铅酸蓄电池进行先恒流再恒压的充电实验，共计 9 组实验。恒压充电时的充电电压根据如下公式进行设置：

$$U_t = U_c [\alpha(t-25)K + 1] \tag{2-3}$$

式中，U_t 为蓄电池在温度为 t 时的充电电压，V；U_c 为蓄电池在温度为 25℃时的充电电压（25℃时充电电压为 14.5V），V；t 为蓄电池的当下温度，℃；α 为蓄电池温度补偿系数（为−3mV）。

温度为−10℃、−20℃和−30℃时，以 3A 电流对铅酸蓄电池进行先恒流再恒压充电后的充电电压如图 2-2～图 2-4 所示。因为温度的降低导致电池内部的化学反应速率减慢，只有很少一部分电量被用来恢复铅酸蓄电池的容量，很大一

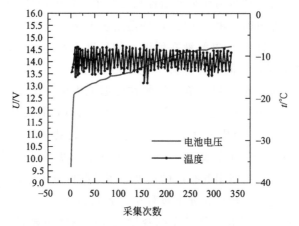

图 2-2　蓄电池−10℃ 3A 恒流恒压充电

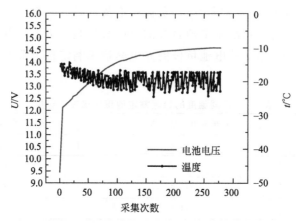

图 2-3　蓄电池−20℃ 3A 恒流恒压充电

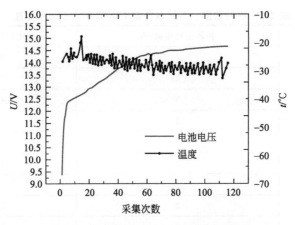

图 2-4　蓄电池-30℃ 3A 恒流恒压充电

部分的电量被用来进行电解水的反应以及一些相关的副反应，所以会大大降低铅酸蓄电池充电效率。图 2-2～图 2-4 比较可知，在低温下随着温度的降低，以同样的电流对铅酸蓄电池进行先恒流再恒压充电时，电池电压总体上升趋势保持不变，但所需要的充电时间缩短，蓄电池电压达到电压设定值的速度加快。如-10℃时，采集次数在 350 时完成充电过程；-20℃时，采集次数在 300 左右时完成充电过程；-30℃时，采集次数在 120 左右时就完成了充电过程。

　　不同温度、不同电流蓄电池恒流恒压充电容量如表 2-3 所示。可以看出，在-10℃对蓄电池进行恒流恒压充电时，恒流阶段的电流从 1A 变为 2A 时可充入的电量增加了 5.4A・h，从 1A 变为 3A 时可充入的电量增加了 7.1A・h。而当温度下降到-20℃时，恒流阶段的电流越大反而可充入的电量却减少了，电流从 1A 变为 2A 时可充入的电量减少了 2.6A・h，电流从 1A 变为 3A 时可充入的电量减少了 5A・h。这是因为在温度很低的条件下，蓄电池正负极的活性物质活性变差，低温下 H_2SO_4 的浓度变化会导致冰晶的产生，产生的冰晶会堵塞多孔电极的孔隙使化学反应速率减缓，造成铅酸蓄电池充电接受能力的下降。充电电流过大而铅酸蓄电池的接受能力不足，大部分的电量就会被用于电解水，从而造成恶性循环。当温度下降到-30℃时，采用大电流充电虽然能够加快电池的充电速率，但是却不会提高蓄电池的容量。所以对应用在低温环境的蓄电池进行充电时，可以适当牺牲一定的充电效率，对其进行小电流长时间的充电，尽可能多地提高蓄电池的容量。

　　(3) 低温对蓄电池极板硫化的影响

　　所谓极板硫化是指极板上产生了白色、坚硬不容易溶解的粗晶粒 $PbSO_4$。在正常充电时，这种粗晶粒的 $PbSO_4$ 不易被还原成活性物质，并且对极板孔隙有堵塞作用，因此，会造成蓄电池的容量下降、内阻增大而使起动性能下降。

表 2-3　不同温度、不同电流蓄电池恒流恒压充电容量

温度/℃	恒流阶段电流/A	充电容量/(A·h)
−10	1	40.0
	2	45.4
	3	47.1
−20	1	30.0
	2	27.4
	3	25.0
−30	1	16.7
	2	16.5
	3	16.2

正常状态下，蓄电池放电时，极板上会形成较小的硫酸铅颗粒，充电过程中可还原为二氧化铅和纯铅。但是，若使用中蓄电池放电电流不当或放电后长期不充电，极板上的硫酸铅在环境温度较高时溶解到电解液中，温度越高溶解量越大。当环境温度降低时，电解液中的硫酸铅会逐渐达到过饱和状态，从电解液中析出，再次结晶形成粗晶粒的硫酸铅覆盖在极板上，使得极板硫化。

高原高寒地区，昼夜温差大。一旦蓄电池处于充电不足的状态，极板上的硫酸铅在白天温度较高时大量溶解到电解液中，在夜间温度较低时再次析出。可见，高原高寒环境将加速极板硫化的过程。极板硫化将导致蓄电池充放电的电化学反应不能正常进行，蓄电池容量降低，甚至使蓄电池早期损坏。因此，高原低温环境下，尤其要防止极板硫化的发生，避免低温大电流放电和蓄电池长期充电不足。

由表 2-4 某型蓄电池低温冷冻试验（−50～−10℃，各温度下的试验时间均为 24h）结果表明，−20℃时，剩余容量为 60% 的蓄电池出现碎冰现象，剩余容量为 40% 和 20% 的蓄电池出现凝冰和轻微起鼓现象；温度降低至 −40℃时，剩余容量为 60%、40% 和 20% 的蓄电池均出现凝冰现象，并伴有不同程度的起鼓，而剩余容量为 100% 的蓄电池则保持正常状态。

表 2-4　蓄电池低温试验结果

实验温度/℃	蓄电池剩余容量/%			
	100(A)	60(B)	40(C)	20(D)
0	正常	正常	正常	正常
−10	正常	正常	正常	正常
−20	正常	碎冰	凝冰、轻微起鼓	凝冰、轻微起鼓

实验温度 /℃	蓄电池剩余容量/%			
	100(A)	60(B)	40(C)	20(D)
−30	正常	凝冰、轻微起鼓	凝冰、严重起鼓	凝冰、严重起鼓
−40	正常	凝冰、轻微起鼓	凝冰、严重起鼓	凝冰、严重起鼓
−50	碎冰	凝冰、轻微起鼓	凝冰、严重起鼓	凝冰、严重起鼓

（4）低气压对蓄电池的影响

高原地区低压会引起蓄电池压力阀提早开启，导致电池内部的工作压力降低，其内部的水蒸气会因压力下降而加快挥发损失，这种挥发将直接引起蓄电池电解液黏度和电阻增加。同时，蓄电池内的气体复合效率会随着电池工作压力的降低而降低。

2.1.2　高原低温环境对起动功率的影响

柴油机在起动过程中由蓄电池供电给起动机，起动机拖动曲轴旋转对进气进行压缩做功，此时电能转化为空气的内能，缸内温度和压力升高，引起燃油着火释放出热能。柴油机的起动转速与起动功率成正比关系。起动功率越大，起动转速越高，柴油机就能在更低的温度下起动成功，柴油机的低温起动性能就越好。但随着环境温度的下降，蓄电池容量急剧下降，输出功率也随之下降，导致柴油机起动转速降低，起动性能下降。

柴油机起动系统的输出功率取决于蓄电池的输出电压。蓄电池的输出电压是由蓄电池内阻和起动电流决定的（见式 2-4）。

$$U = E_b - I_{st}R_b = I_{st}R_L + I_{st}R_{st} \tag{2-4}$$

式中，U 为起动时蓄电池的端电压，V；E_b 为蓄电池的电动势，V；I_{st} 为起动电流，A；R_b 为蓄电池内阻，Ω；R_L 为起动线路电阻，Ω；R_{st} 为起动机电枢电阻，Ω。

随着环境温度的下降，一方面电解液（稀硫酸溶液）黏度增加，电阻率增加，见表 2-5。当电解液温度由 30℃ 下降到 −40℃，电解液的电阻率增加了 7.36 倍。另一方面，由于低温起动时起动阻力的增加使起动电流增加了 3～4 倍。如 M520B 型柴油机在常温下起动时，起动电流为 200～300A；−40℃ 起动时，起动电流高达 700～900A，在起动机啮合的一瞬间，甚至超过 1500A。

表 2-5　温度对硫酸溶液电阻率的影响

温度/℃	30	20	10	0	−10	−20	−30	−40
电阻率/(Ω·cm)	1.140	1.334	1.602	1.990	2.600	3.570	5.290	8.390

因此，在低温环境下，由于蓄电池的内阻和起动电流的迅速增加，使蓄电池的端电压下降，起动输出功率下降，起动转速降低，最后导致柴油机不能起动。如 M520B 柴油机电解液温度为 3～8℃时，蓄电池输出的起动功率为 9～11kW；当电解液温度为 −22.5～−17.5℃时，输出的起动功率下降到 6.9～7.1kW；当电解液温度下降到 −27.5℃时，起动功率只有 3.3～3.77kW，起动转速只有 0～41r/min。因此，如此低的起动转速柴油机是根本不能起动的。

图 2-5 为普通铅酸蓄电池的电容量与起动机的起动力矩随电解液温度的变化曲线（假设环境温度为 20℃时蓄电池的电容量与起动力矩为满额状态，分别用 100％表示）。由图可知，蓄电池的电容量与起动机的起动力矩受环境温度的影响比较大。随着环境温度的降低，两者都减小，且蓄电池电容量减小的幅度更大。当环境温度为 −20℃时，起动机的起动力矩减小到 68％，而蓄电池的电容量减少到 40％。

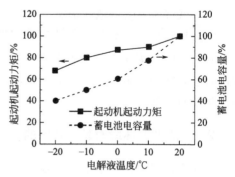

图 2-5　蓄电池容量与起动机起动力矩随温度变化曲线

总之，由于环境温度的下降，使得铅酸蓄电池的内阻增大，起动机起动功率不足，造成柴油机达不到最低起动转速而不能顺利起动。

2.1.3　高原低温环境对起动阻力矩的影响

起动阻力矩在柴油机起动过程中起着负面作用，起动阻力矩越大，柴油机起动过程转速越低，很难达到柴油机最低起动转速。柴油机的起动阻力矩包括摩擦阻力矩、压缩阻力矩、惯性阻力矩等。其中，摩擦阻力矩是影响柴油机起动阻力矩的主要因素。当温度降低时，摩擦阻力矩迅速增加，摩擦阻力矩在温度为 0～5℃时，约占起动阻力矩的 60％，而在 −20～−10℃时，占起动阻力矩的 80％～95％。由此可见，摩擦阻力矩是柴油机起动阻力矩的主要影响因素。

（1）摩擦阻力矩

摩擦阻力矩与润滑机油的动力黏度密切相关，如式（2-5）所示，摩擦阻力矩随润滑机油的动力黏度的增大而增大。

$$M_r = 5.35 \times 10^4 A_e \nu^{0.35} n^{0.34} \qquad (2-5)$$

式中，M_r 为摩擦阻力矩，N·m；A_e 为取决于柴油机结构的系数，cm^3；ν 为动力黏度，St（$1St = 10^{-4} m^2/s$）；n 为柴油机起动时的曲轴转速，r/min。

低温条件下柴油机所使用润滑机油的动力黏度随温度的降低而增大，其变化关系曲线如图 2-6 所示。当润滑油的动力黏度增大时，其流动性和泵送性变差，这将造成柴油机的曲轴与轴瓦等摩擦面之间供油不足，形成半干摩擦或干摩擦，导致各摩擦件间的运动阻力的增大，甚至会造成零件表面的损伤、严重磨损或烧蚀。此外，在严寒条件下，柴油机的曲轴与轴瓦、活塞与汽缸等因材质的不

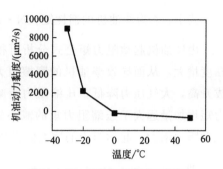

图 2-6　机油黏度与温度的关系

同导致线胀系数不同，当温度降低很多时，不同的形变导致配合间隙减小，从而使得起动阻力矩增大。

（2）压缩阻力矩

压缩阻力矩是指柴油机在压缩行程，活塞受到压缩气体的阻力而形成的力矩。它主要与柴油机的排量、压缩比密切相关。可用式（2-6）表示：

$$M_k = 6.42 \frac{V_h}{i} \qquad (2-6)$$

式中，V_h 为柴油机的排量，L；i 为柴油机汽缸数。

在高原环境下，柴油机进气压力降低，压缩阻力矩降低，计算公式如式（2-7）所示，即：

$$M_k = 6.42 \frac{V_h}{i} \lambda \qquad (2-7)$$

式中，λ 取近似值，$\lambda = \dfrac{P_a}{P_0}$，$P_a$ 为实际环境大气压力，Pa，P_0 为海平面的大气压力，Pa。在这里需要特别说明的是增压柴油机在起动过程中增压器不起作用，可以等同于自燃吸气柴油机，进入汽缸内的大气压力近似等于环境大气压力。

（3）惯性阻力矩

惯性阻力矩包括曲轴、连杆、活塞以及与曲轴相连的各种辅助部件所受到的力矩，如油泵、风扇、发电机等。它主要取决于辅助部件在加速过程中的惯性力，环境温度越低，各辅助部件受到的惯性力越大。惯性阻力矩可用式（2-8）表示：

$$M_j = I \frac{\mathrm{d}w}{\mathrm{d}t} \qquad (2-8)$$

式中，I 为柴油机的惯性矩，$\mathrm{N \cdot m \cdot s^2}$；$\dfrac{\mathrm{d}w}{\mathrm{d}t}$ 为曲轴旋转角加速度，$\mathrm{rad/s^2}$。

由柴油机起动阻力矩公式分析可得，当环境温度降低时，柴油机的润滑油黏度增大，从而导致柴油机的摩擦阻力矩增大，同时惯性阻力矩也增大；随海拔升高，大气压力降低，压缩阻力矩减小。相比较而言，摩擦阻力矩和惯性阻力矩增加量远大于压缩阻力矩的减小量，因此，在高原低温环境条件下柴油机起动阻力增大。起动阻力的增大使得柴油机的机械损失功率增加。

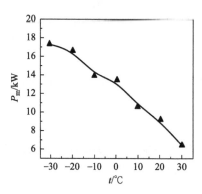

图 2-7　机械损失功率随温度变化曲线

图 2-7 为柴油机转速为 550r/min 时机械损失功率与温度的关系。随着温度的降低，柴油机机械损失功率增加，温度每降低10℃，机械损失功率增加约 9%。机械损失功率增加，使得柴油机的起动功率减小，影响了柴油机的正常起动。

总之，高原低温环境下，柴油机起动功率降低，起动阻力矩增大，柴油机起动转速降低，难以达到柴油机最低起动转速；同时，拖动时间增加，传热损失和漏气量增加，也使得柴油机起动过程压缩终点压力和温度降低。

2.1.4　高原低温环境对起动转速的影响

同济大学等利用高原环境模拟试验台，进行了高压共轨柴油机高海拔（低气压）低温起动试验，研究了低温低气压双重因素对柴油机起动转速的影响规律。

图 2-8 和图 2-9 分别为−20℃和−30℃时，不同海拔（2000m、3000m、4000m）下柴油机起动转速随时间的变化规律。由图 2-8 可见，环境温度为−20℃时，不同海拔下，柴油机均能起动；但随着海拔升高，起动性能有较大差异。随着海拔的升高，起动初始期时间增长，在 2000m、3000m、4000m 海拔下，起动初始期时间分别为 1.1s、1.7s、2.1s。

从图 2-9 可以看出，环境温度降为

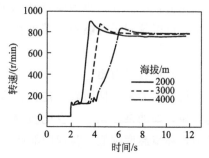

图 2-8　−20℃时不同海拔下柴油机起动转速

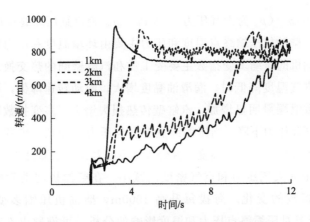

图 2-9　−30℃时不同海拔下柴油机起动转速

−30℃时，海拔对柴油机冷起动升速阶段稳定性有明显影响。海拔为 1000m 时，冷起动升速阶段转速迅速上升，0.5s 后达到最高转速 954r/min，起动过程中未出现滞速；海拔为 2000m 时，柴油机转速上升至 575r/min 后出现滞速，滞速平均幅度为 39r/min，1.28s 后达到最高转速 933r/min；海拔升到 3000m 以上时，滞速平均幅度增大，滞速出现时间提前，升速阶段时间延长。

滞速为柴油机起动过程升速阶段内第 1 次出现转速下降时刻的转速（r/min）；滞速平均幅度为升速阶段多次出现的转速波动时最高点与最低点之间距离的平均值（r/min）；滞速比例为滞速所占时间与升速阶段总时间的比值（%）。

2.2　高原环境对柴油机压缩终点压力和温度的影响

柴油机的最低着火温度主要由汽缸内工质压缩温度与压力决定。如图 2-10 所示，柴油机的最低着火温度随压缩终点压力升高而降低。

柴油机压缩终点温度和压力可由式 (2-9) 和式 (2-10) 计算：

$$T_{co} = T_{ca} \varepsilon_{cc}^{n_1 - 1} \qquad (2-9)$$

$$p_{co} = p_{ca} \varepsilon_{cc}^{n_1} \qquad (2-10)$$

式中，T_{ca} 为压缩始点温度，℃；T_{co} 为压缩终点温度，℃；ε_{cc} 为有效压缩比，$\varepsilon_{cc} = (0.8 \sim 0.9) \varepsilon_c$，$\varepsilon_c$ 为压缩比；n_1 为压缩多变指数；p_{ca} 为汽缸压缩始点压力，

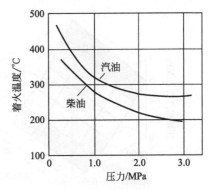

图 2-10　缸内着火温度随
压力的变化关系

$p_{ca}=(0.8\sim0.9)p_{a}$（p_a 为大气压力），MPa；p_{co} 为汽缸压缩终点压力，MPa。

由此可知，柴油机压缩终点温度和压力主要由环境温度和压力以及压缩多变指数决定。柴油机的压缩多变指数主要受工质和汽缸壁间的热交换及汽缸泄漏情况的影响。当进气温度降低时，润滑油黏度增大，起动转速降低，压缩空气泄漏时间增长，导致泄漏量明显增加，汽缸壁传热损失增大，多变指数减小，使柴油机压缩终点温度和压力下降。当压缩终点温度和压力下降到一定程度，汽缸内可燃混合气达不到最低着火临界温度，混合气将不能着火，柴油机就无法起动。

由于高原地区大气压力和空气密度的减小，在柴油机起动阶段，必然导致压缩过程多变指数的变化。海拔每升高 1000m，柴油机压缩多变指数约下降 1.7%。结合低温对压缩终点压力和温度影响的分析，可推导出不同海拔、不同温度下，柴油机压缩多变指数的变化趋势，如表 2-6 所示。

表 2-6　不同海拔不同温度条件下的多变指数

海拔/m	0℃	−10℃	−20℃	−30℃	−40℃
0	1.299	1.283	1.266	1.248	1.229
1000	1.277	1.261	1.244	1.227	1.208
2000	1.255	1.239	1.222	1.206	1.187
3000	1.233	1.217	1.200	1.184	1.166
4000	1.211	1.195	1.178	1.162	1.145
5000	1.189	1.173	1.156	1.140	1.124

以某型柴油机为例，根据不同海拔和温度条件下的多变指数，利用式(2-9)和式(2-10)可计算得出柴油机不同海拔、不同温度条件下的压缩终点压力和压缩终点温度，如图 2-11 所示。

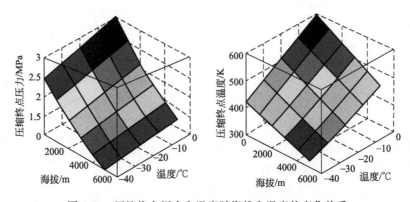

图 2-11　压缩终点压力和温度随海拔和温度的变化关系

由此可以看出，温度每下降 10℃，海拔每升高 1000m，柴油机压缩终点压力下降 15%，压缩终点温度下降 21%，而柴油机缸内混合气的着火温度却需升高 13%。当柴油机的缸内压缩终点温度小于缸内压缩终点压力所对应的最低着火临界温度时，柴油机缸内混合气不可能着火，柴油机也就无法起动。

2.3　高原环境对柴油机混合气浓度的影响

柴油机混合气着火除温度和压力条件外，混合气浓度也是决定着火的必要条件之一。当环境温度降低时，柴油的黏度增大，柴油蒸发、雾化不良，致使大部分柴油以液态形式存在于汽缸内，难与空气混合；同时，由于柴油机低温起动转速下降，使进气管内气体的流速降低，不能形成足够强的空气涡流，造成实际参与燃烧的柴油较少，使混合气过稀，不易着火。此外，随着柴油机低温起动转速的降低，喷油压力下降，喷注中油粒平均直径明显增大，导致着火性能下降。

混合气着火只能在一定的浓度范围内进行，超出这一着火浓度极限范围，则难于着火。另外，在着火最低极限温度和极限压力附近，能着火的可燃混合气浓度范围变得很窄。随着海拔的升高和温度的降低，柴油机压缩终点压力和温度呈下降趋势，对应的着火混合气浓度范围逐渐减小。由于高原大气密度的减小，可燃混合气浓度可能会超出着火浓度范围，导致柴油机缸内混合气不能着火。

柴油机缸内混合气浓度通常采用空燃比 α 或过量空气系数 ϕ_{at} 来表示，其关系式为：

$$\alpha = 每循环进气量 / 每循环喷油量 \tag{2-11}$$

而每循环的进气量为：

$$m_1 = \phi_c \frac{p_d V_s i}{R T_d} \eta_s \tag{2-12}$$

式中，m_1 为柴油机每循环进气量，kg；ϕ_c 为充气系数，取 $\phi_c = 0.75$；V_s 为汽缸工作容积，L；i 为气缸数；p_d 为柴油机进气管压力，MPa；R 为空气气体常数，$R = 0.287 kN \cdot m/(kg \cdot K)$；$\eta_s$ 为柴油机扫气系数，取 $\eta_s = 1$（起动过程中增压器不工作）；T_d 为环境大气温度，K。

$$\phi_{at} = \alpha / 14.177 \tag{2-13}$$

以某柴油机为例，不同海拔和不同温度条件下的柴油机缸内混合气过量空气系数如表 2-7 所示。

表 2-7 不同海拔条件下某柴油机缸内混合气的过量空气系数

海拔/m	0℃	−10℃	−20℃	−30℃	−40℃
0	0.724	0.751	0.782	0.814	0.849
1000	0.646	0.671	0.698	0.726	0.757
2000	0.568	0.589	0.613	0.638	0.666
3000	0.501	0.520	0.541	0.563	0.587
4000	0.441	0.457	0.475	0.495	0.516
5000	0.386	0.401	0.417	0.434	0.452

随着海拔升高，环境压力降低、空气稀薄，柴油机过量空气系数整体下降（与增压器选型有一定关系）。根据潍柴多年移动台架的高原试验结果，多数柴油机，低速下过量空气系数降幅较大，且大量区域柴油机稳态过量空气系数低于 1.2。图 2-12 为某 10L 柴油机在海拔 3500m 与平原的过量空气系数的对比图。随着海拔的升高，柴油机低速下过量空气系数降幅较大。海拔 3500m，与平原地区相比低速过量空气系数下降了 20%～30%。因此，柴油机在高原低温起动时过量空气系数减小，即基于平原环境的低温起动喷油量对于高原低温起动是过量的，对起动过程是不利的。柴油机低温起动过程中将燃油喷入燃烧室，柴油在雾化过程中吸热，过多的喷油量会吸收更多的热量，导致压缩终了缸内温度进一步降低，起动性能进一步恶化。

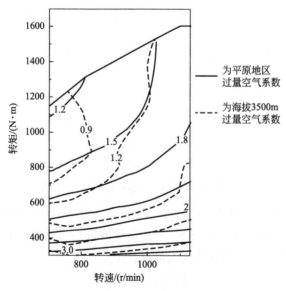

图 2-12 某 10L 柴油机在海拔 3500m 和
平原的过量空气系数对比

柴油通过喷油器喷射到燃烧室内，与压缩后的空气形成混合气，混合气在一定压力下，着火的浓度范围随着温度的升高而增大。同样，在一定温度下，混合气着火的浓度范围随着压力的升高而增大。因此，当温度或压力低于某一限值时，不管混合气浓度如何，均不能着火，这样就存在了一个最佳浓度，也就是最佳的空燃比。对于平原地区，在极限低温环境条件下的最佳起动喷油量，喷入燃烧室中形成的混合气，其浓度是该环境下最佳的。对于高原地区，同等温度环境条件，由于环境压力降低，导致进气量降低，平原设定的起动喷油量，喷入燃烧室中形成的混合气，其浓度是过量的。

2.4 高原环境对柴油机起动过程喷雾特性的影响

柴油机在起动过程中，其转速、缸压及温度偏低会导致喷雾撞壁，缸内大量油膜附着在冷态壁面，从而使缸内混合气形成质量变差，造成燃烧劣化。装甲兵学院基于柴油机油泵试验台设计了可视化定容弹喷雾撞壁试验系统，在起动工况下进行了喷雾撞壁试验，研究了背景气体压力对喷雾撞壁的影响。

可视化定容弹喷雾撞壁试验系统如图 2-13 所示，主要由定容弹、高压机械喷油泵实验台、高速摄像机、数据采集系统等组成。喷油器为 8 孔喷油器，喷孔直径为 0.35mm、喷油开启压力为 20.6MPa。

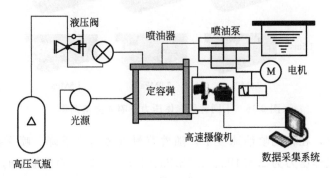

图 2-13 喷雾撞壁试验系统

柴油机起动倒拖过程中缸内压缩压力变化曲线如图 2-14 所示，其中喷雾持续期间对应的缸压范围约为 1.5～2.5MPa。

燃油喷雾撞壁参数定义如图 2-15 所示。撞壁后沿活塞顶壁面向活塞顶方向发展的距离为撞壁扩散距离 l，同侧喷雾撞壁后油雾反射高度为撞壁高度 h。

图 2-16 为定容弹背景气体压力分别为 1.5MPa、2.0MPa、2.5MPa 时对应的喷雾图像，其中喷油器喷油速率峰值为 56mg/ms，喷射燃油温度与定容弹内气体温

度均为20℃，燃烧室壁面粗糙度 Ra 为 $43\mu m$，燃油喷射始点为计时零点。

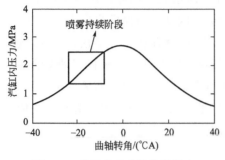

图 2-14   柴油机起动倒拖过程中
缸内压缩压力变化曲线

图 2-15   喷雾撞壁宏观参数

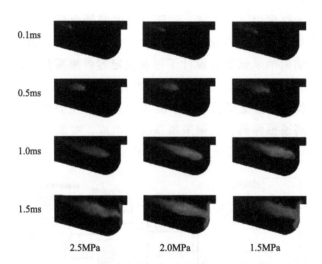

2.5MPa   2.0MPa   1.5MPa

图 2-16   不同背景气体压力下喷雾撞壁图像

可以看出，在相同喷油速度下，随着背景气体压力下降，喷雾撞壁时刻提前，当背景气体压力为2.5MPa、2.0MPa、1.5MPa时，喷雾撞壁时间点分别为1.42ms、1.31ms、1.20ms（图2-17）；撞壁后，在喷雾进行至3.0ms时，随着背景气体压力下降，撞壁扩散距离增大，依次为9.8mm、11.3mm、12.6mm。究其原因主要是，背景气体压力下降，液滴阻力减小，喷雾贯穿距增大（图2-18），接触壁面时液滴的平均韦伯数增大，导致更多数量的液滴在撞壁时发生飞溅，因而撞壁扩散距离增大。

高原环境低背压条件下的喷雾贯穿距更大。过大的贯穿距使得油束更早接触低温壁面而不易蒸发，部分燃油附着壁面，导致燃油与空气的混合质量变差，使得着火准备时间增长，而起动过程转速升高又使得混合气形成时间缩短。这将导致着火时刻严重滞后,重则错失本循环着火时机导致失燃,进而致使高原环境起动性能劣化。

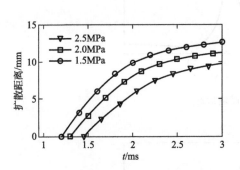

图 2-17 不同背景气体压力下喷雾撞壁
扩散距离随时间变化曲线

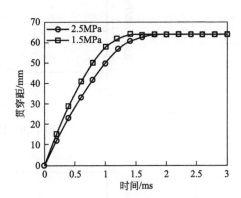

图 2-18 不同背景气体压力下喷雾贯穿
距对比曲线

2.5 高原环境对柴油机起动过程燃烧特性的影响

当柴油机在高原环境下进行起动时,汽缸内压力、温度及混合气形成条件均较差,从而导致混合气滞燃期远大于平原工况,柴油机出现着火不稳定甚至失火等现象。

2.5.1 起动过程燃烧形态

海拔 3700m 某 12 缸柴油机实车起动试验示功图测试结果表明,实车起动过程出现的典型示功图曲线主要包括 3 种燃烧形态,如图 2-19~图 2-21 所示。

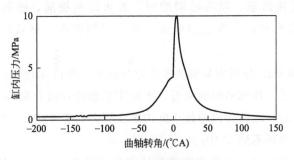

图 2-19 Y 型燃烧形态

图 2-19 为 Y 型燃烧形态,与柴油机正常燃烧的示功图相似,滞燃期较短,

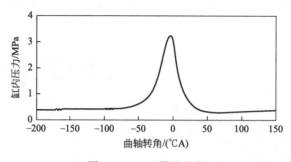

图 2-20 V 型燃烧形态

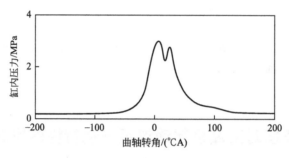

图 2-21 双峰型燃烧形态

着火发生之后火焰快速覆盖全部燃烧室，燃烧爆发压力高，做功能力良好；图 2-20 的 V 型燃烧形态，与柴油机纯压缩循环的示功图相似，缸内爆发压力没有明显的升高，燃烧室内火焰形状呈现纤维状，做功能力非常弱；图 2-21 双峰型燃烧，在其示功图的压力变化过程中出现两次峰值，以曲轴转角计的滞燃期偏大，着火时刻推迟到上止点之后，后燃现象严重，缸内最大爆发压力低于 Y 型燃烧，做功能力偏弱。双峰型燃烧形态是 Y 型燃烧形态与 V 型燃烧形态之间的过渡形态，当滞燃期缩短，着火时刻提前，则双峰型燃烧形态转化成 Y 型燃烧形态；当滞燃期变长，着火时刻推迟，则双峰型燃烧恶化成 V 型燃烧。

图 2-22 和图 2-23 分别为某柴油车平原与高原（海拔 3700m）起动过程的转速与缸内压力曲线。从起动时间来看，平原实车起动时间为 6.5s，高原为 7.3s；平原实车起动过程，加速阶段的最小缸内爆发压力高于 6MPa，而高原加速阶段最大缸内爆发压力还不到 5MPa。

通过起动过程连续示功图和放热规律变化可分析起动过程中非稳态燃烧的内部特征。起动过程加速阶段各燃烧形态示功图所占比率如表 2-8 所示。在燃烧形态上，高原 Y 型燃烧形态比例比平原低，而双峰燃烧形态比例比平原高。

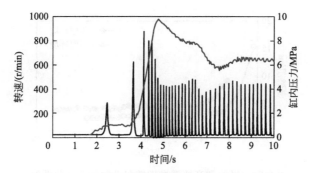

图 2-22　平原环境起动过程转速与缸内压力曲线

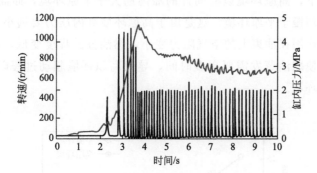

图 2-23　高原环境起动过程转速与缸内压力曲线

表 2-8　高原与平原环境起动过程燃烧形态对比

环境	双峰型燃烧比例/%	V 型燃烧比例/%	Y 型燃烧比例/%
高原环境	52	19	29
平原环境	13	5	82

2.5.2　起动过程滞燃期

图 2-24 为高原（3700m）和平原柴油机滞燃期随起动时间的变化曲线。由此可知，基于实车的柴油机起动过程，随着起动循环的增加，以时间计的滞燃期均呈现下降趋势，且在起动过程加速阶段下降较快，在起动过程过渡阶段下降较慢，而在怠速阶段则几乎保持稳定。高原环境以时间计的滞燃期明显高于同一时刻平原环境的滞燃期，而下降速度却要低于平原环境。

图 2-25 为两种环境下滞燃期随转速的变化趋势对比曲线。由图可见，随起动转速的上升，缸内压力上升，漏气量减少，喷油压力增大，这些因素改善了燃油喷雾质量，提高了混合气形成质量，使以时间计的滞燃期随转速上升而下

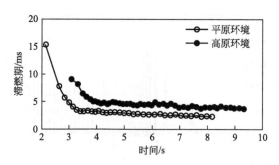

图 2-24　平原和高原滞燃期随起动时间的变化曲线

降。相同转速下，高原环境以时间计的滞燃期大于平原环境，而高原环境滞燃期的下降趋势却慢于平原环境。这是由于高原环境缸内压力要远小于平原环境，这使得喷雾时作用在油束上的空气阻力变小，燃油分散程度变低，贯穿距变大，雾化质量差，使燃油蒸发需要更多时间，导致高原环境起动过程以时间计的滞燃期大于平原环境。

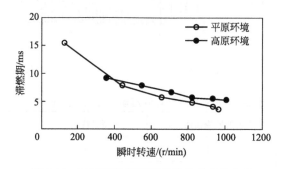

图 2-25　不同海拔滞燃期随转速的变化曲线

2.5.3　起动过程滞速现象

在起动过程的加速阶段，瞬时转速停止持续上升而滞留在某一转速水平附近，这一现象称为滞速现象。图 2-26 为高原实车起动过程缸内压力曲线，曲线记录到滞速期间出现的无燃烧压力上升循环。滞速现象的出现延长了柴油机的起动时间。

高原环境起动过程滞速现象产生的原因：相同转速下，高原环境滞燃期要大于平原环境，而滞燃期随转速的下降速度却慢于平原环境，这使得高原环境下起动过程的滞燃期一直处于一个较高水平，在瞬时转速上升的加速阶段，当瞬时转速上升的幅度大于以时间计滞燃期下降的幅度时，以曲轴转角计的滞燃期将增大，使得着火时刻趋向推迟；高原环境起动过程出现大量双峰燃烧，着火时刻发生在上止点之后，如果以曲轴转角计的滞燃期进一步增大，活塞远离上止点位置，缸内温度和压力下降，可燃混合气将失去在本循环燃烧的机会，出现无燃烧压力上升循环，瞬时转速停止上升，从而导致滞速现象的发生。

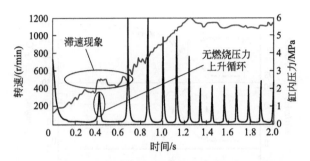

图 2-26　高原环境柴油机起动转速和缸内压力曲线

2.6　低气压低温对柴油机起动性能的影响

低气压低温起动性能是柴油机高原适应性的重要指标之一。国内科研院所利用柴油机低气压低温起动性能模拟试验台（图 2-27），开展了柴油机高原低温起动试验研究。

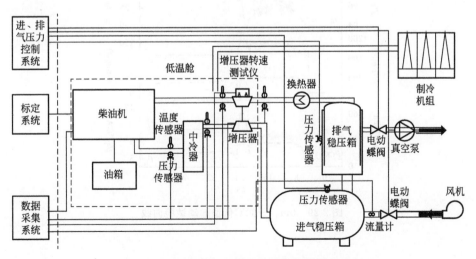

图 2-27　柴油机低气压低温起动性能模拟试验台

图 2-28～图 2-32 分别为某电控高压共轨柴油机在 0m、－25℃，0m、
－30℃，0m、－35℃和模拟海拔 3000m、－20℃，3000m、－25℃的起动过程
试验结果，图中 p_{d} 为柴油机起动过程进气压力、t_{d} 为起动过程进气温度、n 为
柴油机转速、q 为循环喷油量（单位 mg/st 表示每个工作循环的喷油量）、p_{CRT} 为
起动过程目标轨压、p_{CRR} 为起动过程实际轨压、θ_{fj} 为喷油提前角。

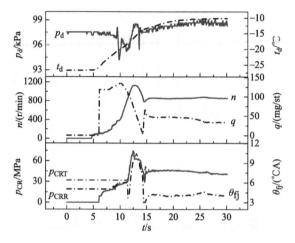

图 2-28　0m、－25℃低温起动试验曲线

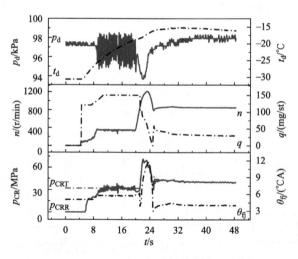

图 2-29　0m、－30℃低温起动试验曲线

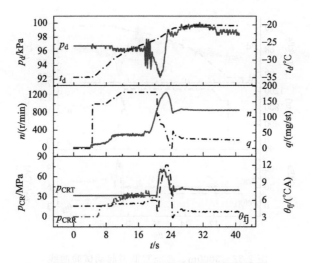

图 2-30　0m、−35℃低温起动试验曲线

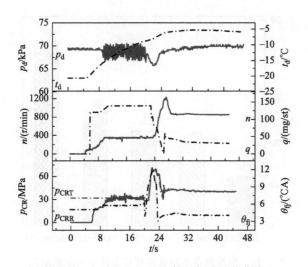

图 2-31　3000m、−20℃低温起动试验曲线

　　根据试验结果可以得到柴油机在不同模拟环境条件下的起动时间,如图 2-33 所示。由该图可见,随着环境温度的降低,起动时间增加;在低气压低温条件下柴油机起动更加困难,起动时间增长。在平原−25℃、−30℃、−35℃环境下,起动时间分别为 12s、20s 和 23s;当在模拟海拔 3000m、环境温度分别为−20℃和−25℃时,起动时间分别达到 28s 和 45s。由此推断,柴油机在模拟4000m、5000m 海拔,起动会更加困难。

　　环境温度和大气压力对柴油机起动性能有较大的影响。在低温环境下,

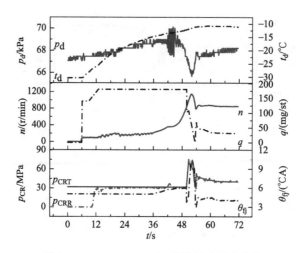

图 2-32　3000m、-25℃低温起动试验曲线

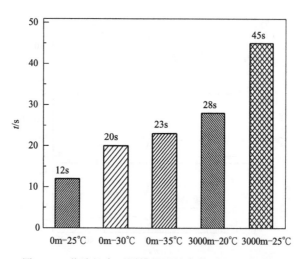

图 2-33　柴油机在不同模拟环境条件下的起动时间

蓄电池内阻增加，电池容量降低，起动功率下降，机油黏度增大，起动阻力矩增大，造成柴油机拖动转速降低，引起缸内压力损失增加、缸壁热损失增大，导致压缩终点压力和温度下降，造成柴油机着火困难。而低气压环境造成压缩终点压力和温度进一步下降，又由于随环境压力的降低，柴油自燃温度增加，增加幅度随环境压力的降低而增大。因此，仅仅依靠高压共轨柴油机自带的进气预热装置已经难以满足更加严酷的低气压低温起动要求，需要进一步采用燃油加热器等低温起动措施来辅助高压共轨柴油机低温低气压的

起动。

图 2-34 为 -20℃ 时，不同海拔（2000m、3000m、4000m）条件下，某柴油机低温起动时间与怠速转速循环变动率变化趋势。起动时间为柴油机起动过程初始期、升速期、稳定期的时间总和。由此可知，随着海拔的升高，起动时间和怠速转速循环变动率增大，海拔每升高 1000m，起动时间平均增加了 21.3%，怠速转速循环变动率平均增大了 36.2%。这是因为，随着海拔升高，缸内气体流动弱化，燃料在缸内的蒸发雾化及与气体的混合空间均匀度迅速下降，这种不均匀性作用导致各缸燃烧循环变动程度的差异增大，怠速转速循环变动率增大。

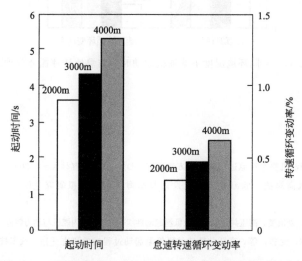

图 2-34　不同海拔下柴油机起动时间与怠速转速循环变动率

图 2-35 为高压共轨柴油机在海拔为 2000m 时，不同环境温度下试验样机冷起动时间与怠速转速循环变动率变化趋势。在 2000m 海拔下，环境温度对高压共轨柴油机冷起动有较大影响。环境温度 ≥ -30℃ 时，环境温度每降低 10℃，起动时间平均增加了 38.9%，怠速转速循环变动率增大了 47.5%；环境温度 -35℃ 时起动时间和怠速转速循环变动率迅速增大。与 -30℃ 相比，环境温度降低了 5℃，起动时间和怠速转速循环变动率分别平均增大了 166.7% 和 144.8%。这是因为，在环境温度 -35℃ 起动时，升速期出现了严重的转速波动，转速波动占升速期的比例为 73.2%，而转速波动大及燃烧恶化，导致各缸着火燃烧不均性增大，从而使得起动时间和怠速转速波动率迅速升高。

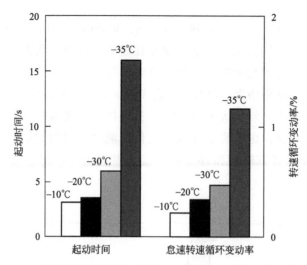

图 2-35　不同环境温度下柴油机起动时间与怠速转速循环变动率

参考文献

[1] 赵云达. 电控柴油机整车高原适应性评价方法研究 [D]. 长春：吉林大学，2007.

[2] 白明博. 柴油机高海拔、低温起动装置设计及高海拔性能模拟研究 [D]. 天津：军事交通学院，2005.

[3] 潘凤文，姜文博，刘信奎. 高压共轨柴油机的低温起动性能研究 [J]. 内燃机与动力装置，2010，(4)：6-9.

[4] 周广猛，刘瑞林，戈非，等. 高压共轨柴油机低温起动过程试验研究 [J]. 汽车技术，2011，(11)：43-47.

[5] 蔡滨，李斐如，马巍，等. 高原高寒环境对军用特种车辆蓄电池性能的影响及其维护 [J]. 军事交通学院学报，2014，16 (8)：48-52.

[6] 王文争，刘芹，王发群. 温度对铅酸蓄电池充电接受程度的影响 [C]. 第十四届河南省汽车工程科技学术研讨会，2017：363-364.

[7] 于新武. 铅酸蓄电池低温性能的改善与提高 [D]. 天津：天津大学，2008.

[8] 裴玉晶，窦银科，赵嘉玉，等. 南极低温环境下铅酸蓄电池充放电的研究 [J]. 电源技术，2018，42 (6)：871-873，921.

[9] 王宪成，马宁，王雪，等. 高原环境对大功率柴油机起动过程影响研究 [J]. 装备环境工程，2017，14 (10)：8-11.

[10] 王宪成，马宁，周国印，等. 柴油机起动过程喷雾撞壁试验研究 [J]. 装甲兵工程学院学报，2018，32 (5)：37-41.

[11] 马宁，李若亭，赵文柱，等. 高原环境条件下的柴油机起动过程试验研究 [J]. 兵工学报，2017，38 (2)：227-232.

[12] 楼狄明，阚泽超，曹志义，等. 重型柴油机高原低温起动升速稳定性试验 [J]. 长安大学学报（自

然科学版），2017，37（1）：120-126.

[13] 高轩，刘泽坤，董素荣.低气压低温环境对柴油机起动性能的影响及改进措施 [J].内燃机与配件，
2016，（5）：1-3.

[14] 楼狄明，阚泽超，徐岩，等.重型柴油机高海拔严寒冷起动性能试验研究 [J].内燃机工程，2016，
37（6）：26-30.

第3章
柴油机高原低温起动性能试验与评价方法

在高原低温环境中，海拔（大气压力）和低温对柴油机的起动性能产生重大的影响。由于高原地区海拔高（大气压力低）、空气含氧量少、昼夜温差大、寒冷季节长，柴油机进气温度和质量同时下降，造成柴油机缸内压缩终了的温度和压力下降，导致缸内混合气达不到着火和续燃要求。此外，随着环境温度的降低，蓄电池的输出功率也相应地下降（－30℃时，额定输出功率下降约60%），导致柴油机起动系统功率下降，使柴油机起动转速低于起动必需的最低转速。因此，柴油机在高原低温条件下起动更加困难。柴油机高原低温起动试验是研制设计新型柴油机及其辅助起动装置的必要手段，也是检验和鉴定柴油机起动性能的标准。本章介绍了柴油机高原低温起动性能试验相关标准、研究与评价方法。

3.1 柴油机高原低温起动性能试验相关标准

标准是规范产品质量和各项工作的依据，具有一定的权威性、通用性、先进性和相对稳定性。目前，关于柴油机起动试验方法的相关标准主要有国家标准和行业标准。JB/T 9773.2—1999《柴油机 起动性能试验方法》规定了中小功率柴油机在人工温度或自然温度环境中所进行的起动性能评价试验；GB/T 12535—2007《汽车起动性能试验方法》中规定了汽车起动、暖机、汽车起步性能的试验方法；GB/T 18297—2001《汽车发动机性能试验方法》中规定了汽车发动机的起动试验；T/CSAE 153—2020《汽车高寒地区环境适应性试验方法》中规定了在高寒地区汽车起动性能试验方法。这些标准为柴油机起动性能研究提供了试验依据。

3.1.1　JB/T 9773.2—1999《柴油机　起动性能试验方法》

该标准规定了柴油机起动试验条件、试验准备和试验方法，定义了起动极限温度、起动时间和起动辅助措施。

（1）定义

起动极限温度：指按本标准规定的条件和要求，柴油机能够起动的最低温度。

起动时间：从开始转动曲轴到柴油机自行运转，转速开始持续上升所经历的时间。

起动辅助措施：除拖动柴油机曲轴旋转的外力外，再借助其它外界能量帮助起动的器具和方法。如燃烧室电热塞、进气预热塞、喷注起动液、低温起动加热器等。

（2）试验条件

① 柴油机起动性能的质量，用起动极限温度和起动时间进行评定；必要时还应考核预动作时间、暖机时间等指标。

② 柴油机生产厂应将起动极限温度作为柴油机主要技术规格之一列入产品样本和使用说明书中。

③ 柴油机装有辅助措施出厂时，应标出使用辅助措施时的起动极限温度。如，柴油机不使用任何辅助措施的起动极限温度为 $-10℃$，装有加热器能在 $-40℃$ 起动，则表示为起动极限温度 $-10℃$；（加热器）$-40℃$。柴油机同时装有几种起动措施，应将几种起动极限温度同时列出。

④ 蓄电池-起动电机系统

a. 与柴油机配套的蓄电池，其容量应保证在柴油机规定的使用温度范围内、按照规定的时间（在 $-15℃$ 以上温度，起动时间不大于 15s，低于 $-15℃$ 时不大于 30s）、使用选定的润滑油、停止喷油进行拖动，能重复进行 6 次以上，每次间隔 2min，并要求曲轴拖动转速不能下降。

b. 蓄电池若不能满足上述要求时，允许使用蓄电池保温箱，使电解液温度保持在 $273 \sim 298K(0 \sim 25℃)$ 之间，以弥补由于温度下降造成的容量损失，并在使用的温度范围内进行评定。

c. 连接蓄电池和起动机的导线，在试验温度下电压降应不大于 4%。

d. 起动电机应符合 QC/T 29064 规定的要求。

⑤ 柴油机使用的润滑油、润滑脂、燃油和冷却液，均应与使用的环境温度相适应。润滑油和冷却液的凝固点应低于使用温度 10℃；燃油的浊点应低于环境温度 $3 \sim 5℃$；润滑油的高温黏度应适应柴油机运转的要求。

⑥ 柴油机按使用地区温度的不同，生产厂应配备必要的起动辅助措施。

⑦ 柴油机及其起动辅助措施，在柴油机曲轴转动后应能分别独立工作，也能同时工作。

a. 若选用柴油机低温起动燃油加热器，则应符合 JB/T 8127 的规定。

b. 燃烧室预热塞和进气预热塞应符合有关标准的规定。

c. 起动液加注装置应能在规定的温度范围内使用，和保证每次有稳定的加注量，并应备有安全机构。

起动液应具有稳定的成分，在柴油机上按规定的喷注量使用时，汽缸内压力升高率、瞬时最大转速不得超过该机的设计允许值。

⑧ 起动用的压缩空气瓶的容量，应保证柴油机连续起动的次数不少于 6 次。

（3）试验准备

① 试验前必须对柴油机进行检查。

a. 记录试验柴油机的名称、型号、出厂日期、编号、生产厂名。

b. 检查柴油机及起动辅助措施的原始状态和技术参数是否符合产品技术条件的规定，并记录与起动有关的性能参数。

c. 测量润滑油、燃油、冷却液等主要的低温性能指标，至少应测量以下数值：润滑油的黏温特性（或试验温度下的黏度）、凝固点；燃油的浊点、凝固点、十六烷值；冷却液的密度、沸点、凝固点等。

② 润滑油、燃油、冷却液的更换。

试验前应更换适合要求的润滑油、燃油和冷却液等。更换方法如下：柴油机在常温下起动运转，待润滑油温度升高到40℃、冷却液温度升高到60℃以上时停机，将润滑油、燃油、冷却液排放干净，清洗机油滤芯、燃油滤芯，擦洗油底壳和油箱，加入试验用油和冷却液；再一次起动运转，待润滑油温度与冷却液温度分别升高到40℃和60℃以上时停机，将润滑油排放干净（燃油箱的燃油和冷却液除外），再次加入试验用润滑油，补足燃油和冷却液，在常温下起动运转，升温后停机待试。

③ 蓄电池试验前预处理。

a. 试验前对蓄电池必须完全充电，干荷电蓄电池要经激活处理。激活处理是把干荷电蓄电池和密度为 $1.28g/cm^3 \pm 0.01g/cm^3$ 的电解液在室温为 25℃ ± 1℃的环境内放置18h以上，然后将电解液注入蓄电池内静置20min。

b. 蓄电池的初充电和普通充电，均应按制造厂规定的电流或电压以及规定的方法充电。

c. 带有蓄电池保温箱时应对保温箱进行操作检查，同时应备有充足电的蓄电池。

④ 仪器仪表的准备。

仪器仪表的准备见表 3-1。

表 3-1　柴油机起动性能试验需要准备的仪器设备

测试内容		使用仪表	测量范围	精度
机油温度 冷却液温度 燃油温度 试验环境温度		温度传感器或电阻 温度计及显示仪表	−50～100℃	≤1℃
排气温度 进气温度 汽缸盖温度		温度传感器及记录仪表	−50～800℃ −50～50℃ −50～300℃	全量程 1% ≤1℃ 全量程 1%
起动时电流、电 压、转速、时间		八线示波器 十六线示波器 相应的传感器		
蓄电池	电解液温度 电解液密度 电压	玻璃温度计 玻璃比重计 电压表	−50～50℃ 1～2 0～50V	≤1℃ ±0.005
燃烧室压力		压力传感器		
大气压力 压力差		水银压力计 U 形管		±0.1kPa
转速		转速表 数字测速仪	0～3000r/min	±1 r/min

⑤ 仪器仪表的安装及测量位置。

a. 冷却液温度传感器应安装在汽缸盖和机体上。汽缸盖上的温度传感器应伸入汽缸盖水套，距内腔底面 10mm、尽量接近汽缸中心线的位置上。机体水套部分的温度传感器，应在水套下部伸入两缸套之间的位置上。

b. 风冷柴油机汽缸盖温度，在汽缸盖喷油器座孔处钻孔，距汽缸盖内表面 2mm 的深度安装测温电偶进行测量。

c. 润滑油温度传感器应伸入油底壳当中，在润滑油液面下 20～30mm 深度处测量。

d. 燃油温度在喷油泵进口处测量。

e. 进排气的瞬时温度，在进排气歧管法兰结合面外 50mm 以内测量。

f. 环境温度，在距柴油机总体外壁 1m 的空间处测量；测量点需 4 点以上，测量点与室壁及其它物体的距离应大于 0.5m，两点间距离应大于 1m，测量点分布在柴油机周围的上部。环境温度为各个测量点的平均值。

⑥ 试验温度。

a. 在人工环境实验室中，建议在 0～40℃之间每隔 5℃设一试验温度点，也可以根据具体要求另外选择特殊温度点进行试验。自然环境下的试验以实际环境温度为试验温度点。

b. 降温规定。降温过程中对其降温速率不做规定，但最低温度应不低于试验温度点 2℃。

c. 温度平衡。在人工环境实验室中进行试验时，试验柴油机的润滑油、燃油、冷却液、风冷柴油机汽缸盖以及蓄电池电解液的温度与试验环境温度之差在 ±1℃范围之内，则认为试验柴油机与该环境温度已达到了温度平衡。

d. 保温时间。从达到温度平衡时开始计算，一般应保温 2h 以上才可进行起动试验。

e. 在自然环境下，试验柴油机应放置于不受太阳照射的自然环境中 12h 以上，然后选择合适的温度点进行试验，并使润滑油、燃油、冷却液的温度也接近环境温度。

f. 对试验条件下的风向及风烈度不做规定，试验环境下的温度条件：降温、保温过程、降温速率、过冷情况，均应用温度自动记录仪进行记录监督。

对于人工环境试验室的有效利用空间和室内的模拟自然吹风以及在自然环境温度下的风向、风烈度，均应记录。

（4）试验方法

① 柴油机起动过程分为四个阶段，包括：预动作阶段、起动阶段、稳定阶段和暖机阶段。

起动操作时间为预动作时间、起动时间、稳定时间三者之和。

② 待试柴油机按要求准备就绪后进入环境实验室或实验场所。安装柴油机和测试用的仪表、传感器连接线路和排气管路等。

③ 在环境实验室内进行试验时，柴油机应拆除消声器，并安装排气管路，将柴油机及低温起动加热器的排气引出室外。连接排气管路的压力降在起动试验中不得超过 4.9kPa。

排气管及其连接处应严密，试验中室内的 NO_x 浓度不得超过 $5cm^3/m^3$，CO 的浓度不得超过 $50cm^3/m^3$。

④ 试验进行中不允许修理或更换零部件和附件。

⑤ 柴油机起动试验中的操作应与实际使用时相同，原则上由一人操作（当使用辅助措施时可增加一人）。

⑥ 起动规定。

a. 在转动曲轴进行起动之前的任何一个与起动有关的操作，均视为预操作，并记录预动作时间。

　　b. 起动时，转动柴油机曲轴的时间一般应是：试验环境温度在 −15℃ 以上温度时，起动时间不大于 15s，低于 −15℃ 时不大于 30s。

　　c. 每一试验温度下进行 3 次起动，其中应有 2 次成功。每次起动后需运转一段时间，证明已达到稳定运转后方可评定为"起动成功"。如果前两次起动成功，可不再进行第三次起动。每次起动时，喷油泵齿条应置于最适宜起动的位置，不得随意拨动。

　　d. 每一试验温度下若 3 次起动中有 2 次起动不成功，即评定为"起动失败"。

　　e. 在同一试验温度下，3 次起动中如有 1 次不成功，则允许继续进行下一次起动，但其间至少应间隔 2min。

　　f. 在测定起动极限温度时，如在某一试验温度下起动失败，在查清原因后允许重复试验，或者改变试验温度重新试验，进行起动之前要用加热或其它方法，将柴油机起动并升温，达到稳定运转后停机，按规定进行冷冻。

　　g. 每一次成功的起动，应是起动操作开始到稳定运转的连续过程。

　　h. 当起动成功后到进行下一次起动之前，柴油机必须达到润滑油、燃油和冷却液的相关要求，才能进行下一次起动。

　　⑦ 柴油机在第二次起动成功并达到稳定运转时，应进行暖机试验。在暖机阶段，试验环境温度的升高应不大于原试验温度 5℃。

　　⑧ 柴油机起动时不与测功机、变矩器等负荷机械相连。在蓄电池与柴油机一起进行低温考核时，允许在某一温度点起动之后，更换充足电的蓄电池进行另一温度点的试验，但蓄电池在该温度点进行试验时也应达到温度平衡。

　　⑨ 柴油机在进行不带辅助措施起动极限温度试验时，至少应测试和记录以下数据：

　　环境温度、大气压力、冷却液温度、润滑油温度、燃油温度、起动次数、起动转速、起动电流、起动电压、汽缸盖温度（风冷柴油机）、蓄电池电解液温度、蓄电池电解液密度、蓄电池电压、进气温度、排气温度、预动作时间、起动时间、稳定时间、暖机时间。

　　⑩ 柴油机装有低温起动加热器的试验。

　　a. 柴油机起动前首先开启低温起动加热装置，操作程序应符合加热器使用说明书的规定。加热器工作后，冷却液的温度升到 40℃ 时，开始起动柴油机。

　　b. 低温起动加热器允许工作到暖机阶段结束。

　　c. 测试内容。除记录上述数据外，还应记录加热器的加热过程：点燃加热器时间；加热器电热塞工作时间；加热器工作时间；加热过程中冷却液的温度每隔 2～3min 记录 1 次；加热器操作开始时间与冷却液温度上升到 40℃时的时间。对于对流循环加热器，记录汽缸盖冷却液温度升高到 80℃或机体冷却液温度升高到 10℃的时间。

⑪ 柴油机装有进气预热塞的试验。

a. 进气预热塞的操作按生产厂家使用说明书的规定进行。

b. 进气预热塞应允许工作到柴油机起动后的稳定运转阶段。

c. 测试记录内容：除柴油机在进行不带辅助措施起动极限温度试验时测试的数据外，还应测量每个汽缸的进气温度和温度的变化过程、进气预热塞的工作时间，记录进气预热塞的型号、数量、安装方式等。

⑫ 柴油机装有燃烧室电热塞的试验。

除柴油机在进行不带辅助措施起动极限温度试验时测试的数据外，还应测量电热塞的工作时间。电热塞允许工作到柴油机起动后的稳定运转阶段为止。

⑬ 柴油机装有起动液喷注装置的试验。

起动液的喷注按使用说明书的规定进行，记录每次喷注量、喷注次数。

除柴油机在进行不带辅助措施起动极限温度试验时测试的数据外，还应测量柴油机汽缸压力曲线和转速变化曲线。

⑭ 柴油机上同时装有几种起动辅助装置。在起动试验时，可根据使用说明书的规定进行操作，但应注意进气预热装置与喷注起动液装置不可同时并用。

⑮ 手摇起动试验。起动时，操作减压机构进行减压并摇动曲轴，即进入起动阶段。在此阶段之前的任何操作均为预起动操作。

⑯ 汽油起动机起动试验。汽油起动机起动后开始带动柴油机曲轴转动的瞬间，即进入起动阶段。在此瞬间之前的任何操作（包括汽油起动机自行运转期间）均为预起动操作，其余均按本标准进行。

⑰ 压缩空气起动试验。其起动操作可按生产厂家使用说明书的规定进行。

3.1.2　GB/T 12535—2007《汽车起动性能试验方法》

在 GB/T 12535—2007《汽车起动性能试验方法》中规定了汽车发动机起动、暖机的试验方法。

（1）定义

拖动时间：自起动机接通电源后至发动机起动自动运转的时间。

（2）试验仪器及精度要求

① 记录仪（可自动记录起动时的电流、电压、转速和时间）。

② 电流表（0～1000A，2.5 级精度）；电压表（0～30V，1.0 级精度）。

③ 发动机转速表（1 级精度）。

④ 温度计（−50～100℃，±1.5℃或 1.5 级精度）。

⑤ 热电阻（测风冷发动机汽缸盖和排气温度）（2.5 级精度）。

⑥ 电液密度计（密度±0.005）。

⑦ 气压、温度和风速计（2.5 级精度）

⑧ 计时器（0～24h，±1s 及 0～60s，±0.2s）

（3）试验条件

① 按相关标准要求准备车辆，样车空载。

② 在不同的环境温度下，按汽车的使用说明书或有关技术资料的规定，选用相应牌号的燃油、机油和冷却液，并记录。

③ 汽车在不同环境温度下起动，可按汽车制造商规定，装上专用起动附件，如辅助起动装置（燃油加热器、加注起动液装置、预热塞及加热器等）和保温装置（柴油机保温罩、散热器保温装置及蓄电池保温箱等）。

④ 应使用制造商规定的蓄电池，起动电缆和搭铁电缆。各线路连接可靠，蓄电池工作良好。

⑤ 试验环境温度见表 3-2 所示。

表 3-2　试验环境温度

试验类别	环境温度/℃
一般起动	−10±2
低温起动	−35±2

（4）试验方法

① 发动机起动性能试验。

a. 按试验类别要求，选定试验环境温度和试验地点。

b. 将试验车辆放置在实验室内。在试验温度下冷却发动机机油和冷却液温度与环境温度一致即可。

c. 试验前测量并记录：试验地点环境条件，燃油、机油、冷却液和发动机缸盖（风冷发动机）的温度，蓄电池的电压。

d. 每次起动，起动机拖动发动机的时间不得超过表 3-3 规定。

表 3-3　起动拖动时间

试验类别	拖动时间/s
一般起动	15
低温起动	30

起动机接通后，在规定的拖动时间内，发动机能起动自行运转，即为起动

成功；若在规定的时间内，无断续起动声，未能自行运转，即为起动失败；若期间有断续起动声，可延长拖动时间，但延长时间不得超过 15s。若能自行运转，亦为启动成功。

起动试验允许连续进行三次，间隔不小于 2min。

试验时应测量和记录：起动次数、拖动时间、发动机起动拖动转速、蓄电池电压、起动机的电压和电流。

e. 装有低温辅助起动装置时，试验前记录辅助装置的名称、型号、编号和该装置使用说明书规定的数据，还应测量和记录与 c 相同的项目。

辅助起动装置按使用说明书操作。

起动时应测量和记录的项目同 d，并记录辅助起动装置的操作状况及该装置各参数的实测值。

f. 采用加热器进行汽车发动机低温起动时，应按 d 测定不同加热器时的起动性能。

② 发动机暖机试验。发动机起动后，在 30％～50％额定转速下，空载运转10～20min。记录发动机空载转速、运转时间及冷却液或缸盖（风冷柴油机）温度。

3.1.3 GB/T 18297—2001《汽车发动机性能试验方法》

该标准规定了汽车用发动机性能台架试验方法，其中包括无负荷下的起动试验方法。

（1）起动试验目的

评定发动机的低温（汽油机环境温度 255K、柴油机 263K）、中温及热机起动性。起动性的优劣取决于起动发动机所需要的拖动时间。

（2）起动试验条件

① 柴油机所带附件。进气部分：空气滤清器、进气消声器及连接管道；进气、混合气预热；曲轴箱通风装置。

排气部分：排气连接管道、消声器及尾管；催化转化器。

冷却部分——水冷：散热器、护风罩及风扇；节温器。

电子、电器部分：发电机、调压器及蓄电池；柴油机电控系统。

传动部分：变速器。

② 低温起动试验时，发动机不装特殊起动附件。不与测功机相连。用仪器测量瞬态参数如转速、起动电流、进气管绝对压力等。

③ 低温起动试验，柴油机在 263K 的环境温度下进行，加足防冻液及润滑油的柴油机（含变速器）、充足电的蓄电池和燃油一起置入规定的低温环境，待

蓄电池电解液、防冻液及润滑油温达到规定的环境温度±1K 时，即可开始低温起动试验。

④ 暖机起动试验前，在 40%～80% 额定转速下运转，待冷却液温度达到 (361±5)K 后，怠速 10s，停机 120min，环境温度不限，即可开始中温起动。

⑤ 热机起动试验前，在 40%～80% 额定转速下运转，待冷却液温度达到 (361±5)K 后，怠速 10s，停机 10min，环境温度不限，即可开始热机起动。

(3) 试验方法

若是自动变速器，置于"停车"挡状态（A-P）；若是手动变速器，置于"空"挡，且离合器先后处于接合状态及分离状态。在相应试验条件下，各状态分别进行低温、暖机及热机起动试验。其程序如下：

按制造厂使用说明书的规定程序进行设置和操作。起动机通电拖动发动机，汽缸内着火工作，转速升高。通电时间（亦称拖动起动时间）不得超过 15s，发动机能自行运转 10s 以上不熄火，则认为起动成功，该试验完成。在拖动及自行运转期间不得操纵发动机。

若起动失败，按制造厂使用说明书的规定程序再次进行设置和操作，在 3min 内继续进行下一次起动；低温起动时需要待冷却液、润滑油及电解液达到规定的环境温度，方可进行下一次起动。若 3 次起动失败，则终止该试验。

(4) 测量项目及数据整理

① 测量项目。起动失败次数、起动成功的拖动时间、环境温度和进气状态。起动机和蓄电池的最低工作（即拖动时的）电压、拖动及自行运转的发动机转速、起动电流、进气管绝对压力等与时间的关系曲线。起动前冷却液、各种润滑油及电解液的温度；汽油牌号及馏程、柴油牌号。

② 发动机起动性能评分。

a. 评语及评分表。分数与评语的对应关系见表 3-4 所示。

表 3-4　分数与评语的对应关系

分数	9	8	7	6	5	4	3	2	1
评语	优秀	很好	好	尚可	及格	不及格	不太可靠	不可靠	很不可靠

b. 按起动质量（即起动成功的拖动时间）评分。拖动时间与分数的关系见表 3-5。

表 3-5　拖动时间与分数的关系

拖动时间/s	0～1	2	3	4	5	6	7	8～9	10～15	15 以上
低温起动评分	9	9	8	7	6	5	4	3	2	1
暖机/热机起动评分	9	7	5	3	2	2	2	2	2	1

c. 起动失败扣分。一次失败扣 2 分，两次失败扣 5 分，三次失败评定为 1 分。

d. 发动机的起动性按总分计算。总分等于起动成功的评分减去起动失败所扣分数。若差值小于 1 时，令总分为 1。

e. 填写起动试验结果表（表 3-6）。

表 3-6　起动试验结果表

起动试验种类	评语			拖动速度/(r/min)			起动机工作电压/V			环境温度/℃		
	A-P	M-O-Ⅰ	M-O-Ⅱ	A-P	M-O-Ⅰ	M-O-Ⅱ	A-P	M-O-Ⅰ	M-O-Ⅱ	A-P	M-O-Ⅰ	M-O-Ⅱ
低温起动												
暖机起动												
热机起动												

注：A—自动变速器，M—手动变速器；P—"停车"挡，O—空挡，Ⅰ—离合器接合，Ⅱ—离合器分离。

3.1.4　T/CSAE 153—2020《汽车高寒地区环境适应性试验方法》

2020 年 12 月 25 日，中国汽车工程学会正式发布 T/CSAE 153—2020《汽车高寒地区环境适应性试验方法》。该标准规定试验车辆在高寒地区进行起动性能试验时，在按照 GB/T 12535—2007《汽车起动性能试验方法》的同时，增加了如表 3-7 所示的试验条件。

表 3-7　试验条件

试验环境温度 t/℃	发动机机油温度/℃	大气压力/kPa
$-10 \geqslant t \geqslant -15$	$\leqslant -12$	80～105
$-15 > t \geqslant -25$	$\leqslant -15$	80～105
$-25 > t \geqslant -37$	$\leqslant -25$	90～105
$-37 > t \geqslant -41$	$\leqslant -30$	90～105

3.2　柴油机高原低温起动试验装置

通过一定的手段获得柴油机高原低温环境条件下的起动过程参数是研究柴油机高原低温起动性能的前提。目前主要采取高原实地试验和高原低温环境模拟试验的方法进行。高原低温起动性能试验，在保证试验条件达到要求的前提下，获得试验数据的准确性和客观性较强，可以直接用来定量表述柴油机的高原低温起动性能。从理论上讲，柴油机高原环境实地试验更符合真实需求，试验数据更具真实性，但在高原地区建立柴油机试验台进行现场试验，海拔是固定的，试验条件调节也受到限制；而建立车载移动的柴油机试验台架，虽然可方便满足不同海拔条件下的环境需求，但仍具有一定的局限性，受地理和自然条件的影响较大，难以方便建立满足高原低温极端试验要求的试验条件。因此，试验结果的准确性、重复性和可比性均受到影响。相比之下，在平原地区实验室内进行高原大气环境模拟试验，则比较容易克服上述困难。

3.2.1　柴油机高原低温起动移动试验装置

我国开展柴油机高原实地试验研究始于青藏铁路建设时期。20 世纪 70 年代初，国家为支持青藏铁路的建设，专门筹备建立了机械工业部西宁高原工程机械研究所。经过多年的发展，该所已经建立了包括西宁（海拔 2200m）、格尔木（海拔 2800m）、大阪山隧道（海拔 3800m）、西大滩（海拔 3850m）几个固定海拔下的柴油机高原实地试验台架，同时还建立了 1 套柴油机高原移动试验台架。该所下设的"机械部高原工程机械产品质量监督检测中心"具备内燃机产品高原性能检测认证资质，是我国西部地区唯一有资质进行柴油机高原性能测试的研究机构。长期以来，国内众多柴油机主机厂和科研院所纷纷与该所合作，联合进行了多项柴油机高原实地科研试验，并协助开发了众多高原型柴油机产品。近年来，国内知名的柴油机生产厂家，为了方便开发其高原型产品，也相继自主设计和研发了柴油机高原移动式台架，使用效果显著。

图 3-1 为潍柴动力股份有限公司的柴油机"三高"移动试验台架。

图 3-1　潍柴动力股份有限公司的柴油机"三高"移动试验台架

图 3-2 为南通力达环保设备有限公司研制的柴油机"三高"移动箱式测试台，主要由工艺集装箱和试验集装箱组成。工艺集装箱平板拖车安装有发电机组室、冷却塔和辅助设备，试验集装箱平板拖车上安装有送排风组、消防室、控制室、试验室等。

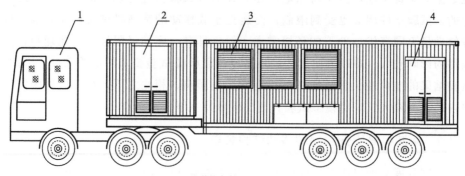

(a)工艺集装箱结构示意图

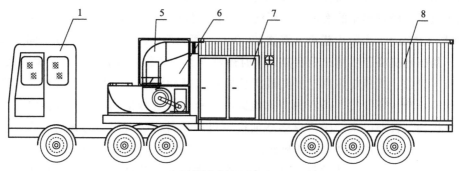

(b)试验集装箱结构示意图

图 3-2　柴油机"三高"移动箱式测试台

1—平板拖车；2—发电机组室；3—冷却塔；4—辅助设备；

5—送排风组；6—消防室；7—控制室；8—试验室

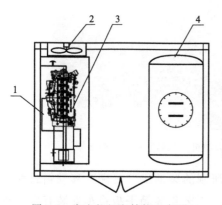

图 3-3　发电机组室结构示意图

1—补油箱；2—通风扇；

3—发电机组；4—补水箱

（1）工艺集装箱

工艺集装箱发电机组室（图 3-3）由补油箱、通风扇、发电机组和补水箱组成。补油箱的一侧设置有通风扇，补油箱安装在发电机组上，发电机组室的另一内侧设置有补水箱。补油箱主要用于柴油机燃油的供给，通风扇主要用于室内通风降温，补水箱主要用于冷却水系统能量消耗及时补给水源，发电机组给测试系统、辅助设备供电。

工艺集装箱冷却塔、辅助设备组成公用动力房，主要放置柴油机测试时所需的一些辅助设备，如两套循环水泵、风冷冷水机组、空气压缩机、配电柜、供油箱、气动隔膜泵等设备（图 3-4）。

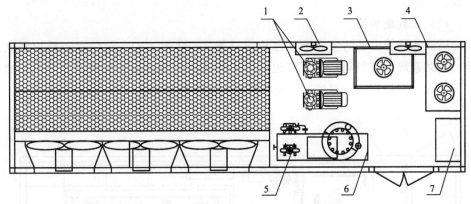

图 3-4   公用动力房结构示意图

1—循环水泵；2—通风扇；3—风冷冷水机组；4—空气压缩机；5—气动隔膜泵；6—供油箱；7—配电柜

冷却塔选用低噪声横侧抽风式不锈钢冷却塔，提供 32℃ 冷却水，用于发电机测功机、中冷器等测试辅助设备冷却。

循环水泵的作用是进行柴油机试验冷却水系统循环，可采用卧式自吸泵，电机直接连接，机泵轴完全同心。

通风扇主要用于室内通风降温，通风扇采取低噪声工业用轴流风机，风机外壳采用高强度螺栓钢板制作，表面除锈烤漆处理。

风冷冷水机组提供 7℃ 冷冻水，用于供给燃油的温度冷却。冷水机组采用风冷箱型冷水机组，风冷冷凝器采用进口风机及大风量轴流设计，机组内装置不锈钢水箱及高性能、高流量专用水泵。

空气压缩机为发电机减振系统、气动隔膜泵提供洁净的气源，风冷空气压缩机采用低噪声环保螺杆式空压机。

气动隔膜泵主要用于输送燃油，采用压缩空气为动力源，对于各种腐蚀性液体，带颗粒液体，高黏度、易挥发、易燃、剧毒的液体，均能抽光吸尽。

供油箱用于储备试验用燃油，供油箱材料选用防腐、韧性高的不锈钢材料制作，箱体全部采用二氧化碳保护焊设备焊接。油箱上设置阻燃呼吸阀、溢流口和排污口，防止灰尘在调整油位时进入油箱；具有高低位报警及显示装置，配置外接快速补油接口可以外接标准油桶。油箱配置电动远传磁翻柱双色液位计，采用三个无触点开关和一个极限油位开关控制液位；远程控制系统提示超高、低油位报警；同时关断所有与此有关的供油回路，确保油不会溢出。

配电柜主要用于给测功系统、辅助设备供电。电源可以由外网引入，也可以由发电机供电。电气系统性能可靠，能满足机械上一切互锁要求，有足够的安全防护，配电柜应为防尘、防淋型构造。在门上安装牢固可靠的密封衬垫和门锁。

（2）试验集装箱

试验集装箱由消防室和测试室构成（图3-5和图3-6）。消防室包括控制立柜、消防系统、控制箱；测试室包括冷却液温度控制装置、水涡流测功机、油耗仪、燃油温控、中冷温控、减振系统和三维快调支架等。

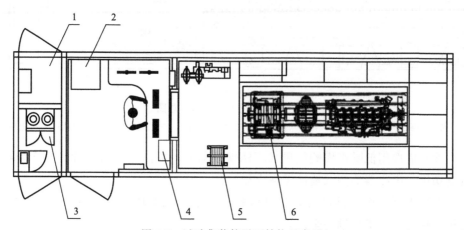

图 3-5　试验集装箱平面结构示意图

1—消防室；2—控制立柜；3—消防系统；4—控制箱；5—冷却液温度控制装置；6—水涡流测功机

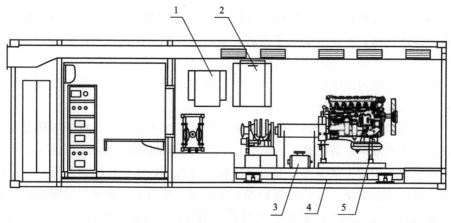

图 3-6　试验集装箱俯视结构示意图

1—油耗仪；2—燃油温控；3—中冷温控；4—减振系统；5—三维快调支架

消防室内安装有消防系统，消防室的一侧安装有控制立柜，控制立柜的一侧下方设置有控制箱。控制立柜主要摆放上位机、下位机等检测仪器；控制箱主要对冷却、冷冻水系统、通风系统进行控制。

测试室内安装有冷却液温度控制装置、水涡流测功机、油耗仪、燃油温控、中冷温控、减振系统和三维快调支架等。冷却液温度控制装置主要作用是控制柴油机试验时冷却系统的冷却能力的调节；水涡流测功机主要用于测试柴油机的功率，也可作为减速机、变速箱的加载设备，用于测试它们的传递功率；油耗仪是专门设计用于柴油机燃油消耗率自动精密计量的智能仪表，通过串行通信接口可同步显示转速和扭矩参数，同时可选择显示油耗率参数；燃油温控是专为燃油系统设计的，具有自动稳压、消泡、燃油温度控制等功能；中冷温控主要用于柴油机试验过程中进气温度的恒定控制。

为满足柴油机小车和测功机的安装要求，防止柴油机的振动传递到箱体上，并且在整个工作转速范围内没有共振点，设置减振系统，使柴油机在全速负荷工作状态下截止频率不大于3Hz。三维快调支架是为方便安装各种不同型号的柴油机，使柴油机快速连接、对中而设计的。

3.2.2　柴油机高原低温起动模拟试验装置

柴油机高原环境模拟试验是获得发动机高原性能参数的直接方法。由于柴油机工作需要吸入新鲜空气，因此柴油机高原模拟试验台架比常规设备（如电子设备）高原模拟试验设备复杂得多。目前，柴油机高原环境模拟有两种方式：一种是通过柴油机的进排气模拟实现其高原低气压和低温环境的模拟，其特点是结构简单，造价低，但实验内容单一；另一种是通过高原环境模拟舱实现柴油机高原综合环境（低气压、温度和湿度）的模拟，其特点是柴油机置于高原综合环境模拟舱中，试验结果更真实、可靠，但结构复杂、造价高，且技术难度大。

（1）基于进排气压力的发动机高原环境模拟试验台（室）

国内外基于进排气压力模拟的发动机高原环境模拟试验台（室）如表3-8所示。

表3-8　国内外基于进排气压力模拟的发动机高原环境模拟试验台（室）

单位和实验室名称	模拟条件	模拟方式	模拟参数
陆军军事交通学院 机械工业内燃机高原适应性重点实验室	压力、温度	进排气 压力模拟	47.1~101.3kPa、 −45~30℃（6000m）
广西玉柴机器股份有限公司 发动机高原环境模拟试验台	压力、温度、湿度	进排气 压力模拟	47.1~101kPa、−25~60℃、 10%~90%（6000m）
北方发动机研究所 发动机高海拔模拟实验室	压力、温度、湿度	进排气 压力模拟	57.57~100kPa、−30~25℃、 30%~90%（4500m）

续表

单位和实验室名称	模拟条件	模拟方式	模拟参数
东风汽车技术中心 发动机高原模拟试验台	压力、温度	进排气压力模拟	57.57～100kPa、 −25～50℃(4500m)

我国北方发动机研究所高原模拟实验室设计方案与东风汽车技术中心建造的"发动机高原模拟试验台"类似，如图 3-7 所示。

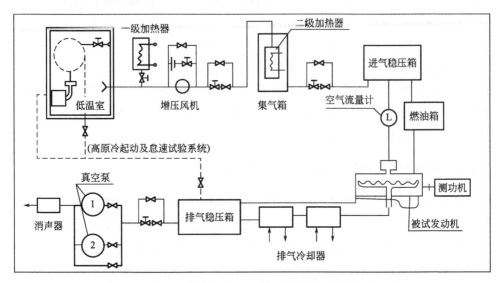

图 3-7　东风汽车技术中心发动机高原模拟试验台示意图

陆军军事交通学院的基于进排气压力模拟的高原低温环境模拟试验台示意图及其相互连接关系如图 3-8 所示，其进气采用发动机节流和抽真空方式实现低气压模拟，排气采用真空泵抽真空实现低气压模拟，同时，对进气和低温舱可实现低温控制。

① 进排气低气压模拟与控制　进气压力的模拟是利用进气节流阀来实现的。空气经过空气流量计和进气节流阀，进入稳压箱，再由进气管经涡轮增压器进入发动机。当发动机工作时，由节流阀的节流作用在稳压箱中产生真空度，改变节流阀的开度即可调节稳压箱中的进气压力，以模拟不同海拔的大气压力。为了保证测量数据的精确性，整个进气系统严格密封。进气稳压箱的作用是保证进气压力不受发动机进气气流波动的影响。

排气压力的模拟是通过控制排气稳压箱真空度来实现的。目前采用两种方法：一种是射流式，由压缩空气或高压水流通过引射器将发动机的排气从排气稳压箱中强制抽出；另一种是抽气式，采用真空泵直接从排气稳压箱抽取真空。

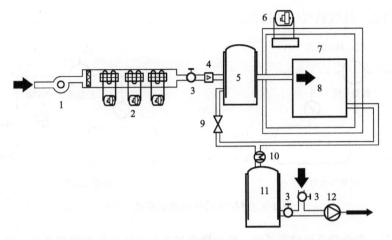

(a)示意图

1—进气离心风机；2—进气制冷机组；3—电动调节阀；4—弯管流量计；5—进气稳压箱；
6—低温舱制冷机组；7—低温舱；8—发动机；9—球阀；10—换热器；11—排气稳压箱；12—真空泵

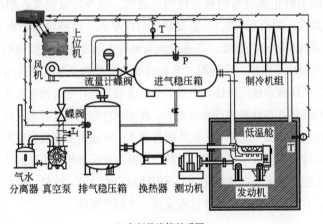

(b)各部件连接关系图

图 3-8　基于进排气压力的柴油机高原低温模拟试验台

采用射流式模拟方法，对压气机或水泵的功率要求较高，供气或供水量很大，整个系统价格昂贵，体积较大。采用真空泵抽气式模拟方法，由水环式真空泵从排气稳压箱抽真空，通过调节真空泵进气旁通阀开度，将排气稳压箱内的气压控制在所需模拟的压力。为了避免发动机高温排气损坏真空泵，真空泵前需设置热交换器，使发动机排放的废气温度降至真空泵允许的范围之内，以确保发动机低气压模拟试验设备的安全运行。

　　进排气低气压控制原理如图 3-9 所示，通过调节进气和排气电动调节阀的开度，达到调节进气稳压箱和排气稳压箱内压力的目的，实现进排气压力的自动调控。打开进气稳压箱和排气稳压箱之间的连接管路上的开关阀，可实现发动机起动时的进、排气低气压的模拟。

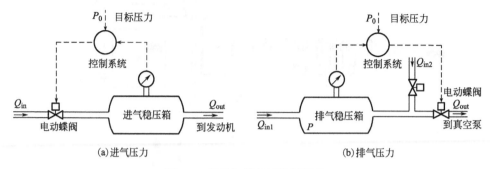

图 3-9　进排气低气压控制原理

② 进气、低温舱低温模拟系统　柴油机进气和低温舱的低温模拟系统主要由进气风道和制冷机组组成。进气风道用来将室外新风引入发动机进气口处，其外面包有保温材料，有助于阻止风道外的热量传到风道内，减少冷量损失；制冷机组包括室外机（室外型风冷压缩冷凝机组）、蒸发器和电控单元。电控单元控制室外新风经过风道制冷机组降低到要求的温度，并通过低温舱舱内制冷来模拟发动机环境温度。

制冷机组是由制冷压缩机、冷凝器、节流阀和蒸发器四个基本部件组成的，如图3-10 所示。它们之间用管道依次连接，形成一个密闭的系统，制冷剂在系统中不断地循环流动，发生状态变化，与外界进行热量交换。液体制冷剂在蒸发器中吸收被冷却物体的热量之后，汽化成低温低压的蒸气，被压缩机吸入压缩成高压高温的蒸气后排入冷凝器，在冷凝器中向冷却介质（水或空气）放热；冷凝为高压液体经节流阀节流为低压低温的制冷剂，再次进入蒸发器吸热汽化，达到循环制冷的目的。这样，制冷剂在系统中经过压缩、冷凝、节流、蒸发四个基本过程完成一个制冷循环。

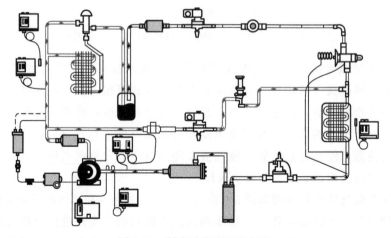

图 3-10　制冷系统流程示意图

（2）发动机高原环境综合模拟试验平台

高原环境综合模拟试验平台是在平原地区以试验舱的形式模拟高原环境压力、温度、湿度等综合环境参数。国外英国 MIRA 公司、德国宝马（BMW）公司以及国内中国一汽技术中心和陆军军事交通学院等建立了能模拟高原环境条件的发动机高原环境模拟实验室或试验台（表 3-9）。

表 3-9　国内外发动机高海拔环境模拟舱技术参数

实验室名称	模拟条件	模拟方式	模拟参数
英国 MIRA 公司 全封闭减压舱式试验台	压力	舱式模拟	70.1～101.3kPa（3000m）
德国宝马公司 动力系统大气环境模拟试验台	压力、温度、湿度	舱式模拟	70～101.3kPa（3000m）、 −40～100℃、20％～95％
中国一汽技术中心 发动机高海拔模拟舱	压力、温度、湿度	舱式模拟	52.6～101.3kPa、−50～80℃、 20％～90％（5000m）
陆军军事交通学院 机械工业内燃机高原适应性重点实验室	压力、温度、湿度	舱式模拟	47～101.3kPa、−45～70℃、 15％～95％（6000m）

陆军军事交通学院发动机高原环境综合模拟试验平台如图 3-11 所示，能够在平原地区再现 0～6000m 海拔的大气环境条件（大气压力：47～101.3kPa；温度：−45～70℃；湿度：15％～95％），并能够在 0～6000m 海拔环境条件下进行发动机及其驱动设备（液压系统、气压系统、发电机组）高海拔性能试验与评价、标定和关键技术研究；能够实现人机分离、环境参数实时控制和快速调节。测试设备具有良好的操作性、维护性、环境适应性、工作稳定性及持久性，良好的安全性能。

按功能划分高原环境综合模拟试验平台主要由负压舱体、进气空调系统、温湿度调节系统、排气系统（低气压系统）、冷却水系统、自控系统、视频监控系统和辅助系统（综合管理系统）等组成，如图 3-12 所示。

负压舱体：为试验发动机提供相对封闭的高原试验环境（低气压、高低温、湿度等），具备保温、密封、防潮、防腐蚀、耐压等功能。

进气空调系统：为试验发动机提供所需要的恒定温度和稳定流量的新鲜空气。同时，协同排气系统控制环境舱压力。

温湿度调节系统：为试验发动机提供所需的温度和湿度环境，并能平衡试验发动机和实验设备运行时散出的热量。

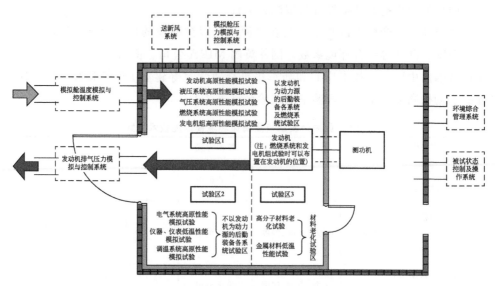

图 3-11　内燃机高原环境模拟试验平台功能示意图

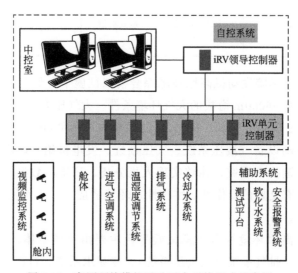

图 3-12　高原环境模拟试验平台系统组成示意图

低气压系统：实现环境舱低气压和发动机排气低气压的模拟与控制。

冷却水系统：为环境模拟系统散热部件提供所需冷却水，确保设备正常运行。

视频监控系统：对舱内情况进行全程监视和记录。

自控系统：对所有电气设备实施自动控制，以实现试验环境的低气压、温度、湿度的模拟与控制。同时，还具备环境监测、系统故障诊断和报警等功能。

图 3-13 为陆军军事交通学院研制的柴油机低气压低温起动模拟试验系统。

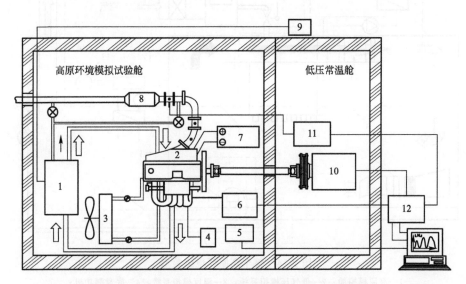

图 3-13　柴油机低气压低温起动模拟试验系统示意图

1—燃油加热器；2—柴油机；3—水箱；4—燃油箱；5—ECU；6—油门执行器；7—蓄电池；

8—排气散热器；9—燃油加热器电源开关；10—测功机；11—空燃比仪；12—控制及数据采集系统

3.2.3　整车高原环境模拟试验装置

某整车高原环境试验室（如图 3-14），主要由高原环境模拟系统和试验系统 2 个功能模块组成，包括高原环境模拟舱、环境（压力、温度、湿度、日照）模拟系统、控制系统、测试系统、底盘测功系统及视频监控系统等。

（1）高原环境模拟舱

高原环境模拟舱能够为试验车辆提供密闭的高原环境试验场所。目前，国外先进的高原环境实验室建有高原环境模拟试验舱。高原环境模拟舱的舱体不仅要能够承受室内外大气压差的作用，还需要满足保温以及密闭的要求。舱体一般由钢结构制造，采用特殊材料进行隔热保温处理。

（2）高原环境模拟系统

影响车辆发动机及整车高原性能的主要环境因素是大气压力、温度及湿度等。因此，高原环境模拟系统一般包括低气压模拟系统、温度模拟系统、湿度模拟系统、日照模拟系统，其功能是为高原环境模拟舱提供高原综合模拟气候环境条件。

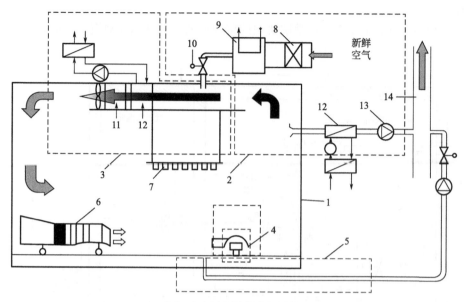

图 3-14 整车高原环境试验室

1—高原模拟舱；2—低气压模拟系统；3—温度模拟系统；4—底盘测功机；
5—尾气处理系统；6—模拟迎风装置；7—日照装置；8—滤清器；9—加湿器；
10—节流阀；11—加热器；12—冷却器；13—风机；14—排烟管

低气压模拟系统是在高原环境模拟舱中通过降低整个舱内大气压力来模拟高原低气压环境，与整车在真实高原环境运行情况基本一致。当车辆处于动态工作时，需要对舱内气压进行动态调节控制，保持气压在一定范围内恒定，对设备和控制精度要求较高，造价昂贵。

温度模拟系统包括低温模拟子系统和高温模拟子系统。温度模拟系统利用空气制冷（或加热）技术为高原环境模拟舱提供高、低温环境条件。低温模拟子系统实现环境模拟舱低温模拟和新风低温模拟。高温模拟系统通过循环风道中的电加热器调节控制环境温度，模拟高原的温度以及温度的变化速率。

湿度模拟系统利用空气除湿与加湿装置控制调节环境模拟舱内的湿度，能够模拟高原不同季节大气湿度，大气湿度可在模拟范围内任意调节。

日照模拟系统一般采用卤化金属照明灯或红外线灯泡模拟接近太阳光光谱的日照，还可根据试验项目改变光源。日照模拟系统可高精度、广范围地控制日照量，进行总辐射强度或辐射温度的连续调节，任意改变光照的方位和角度。车辆高原环境实验室采取日照模拟系统模拟高原环境中的太阳光（紫外线）辐射，考核暴露在阳光下的车辆经受太阳辐射后，材料发生的变形、松弛、光泽度下降、开裂、密封性破坏和结构破坏程度等指标。

（3）测试及控制系统

测试及控制系统完成对整个高原环境模拟舱内设备及其试验过程的控制和管理。测试及控制系统主要由底盘测功机、参数测量仪器、控制设备、计算机及数据采集系统、系统控制台和安全保护装置等硬件部分及相应软件部分组成。

3.3　柴油机高原低温起动性能评价

柴油机起动性能的评价是确定整装起动性能的前提和基础，它要求有完善的检测、分析、判断的手段和方法。在评价柴油机起动技术状况时，必须选择合适的检测参数，确定合理的检测参数标准，才能作出正确、合理的评价。

目前国家和行业相关标准规定：起动机接通后，在规定的拖动时间内，柴油机能着火自行运转，即为起动成功。若在规定的拖动时间内，无断续着火声，未能自行运转，即为起动失败，若其间有断续着火声，可适当延长拖动时间（但延长时间不得超过 15s），若能自行运转，亦为起动成功。起动试验允许连续进行 3 次，若 1 次起动失败，可在 2min 后再次起动。满足上述条件认为起动性能良好，否则起动性能差。对于车辆起动性能的检测，我国传统的检测方法是由人工记录测量结果，凭主观检视判断车辆起动性能好坏，这仅仅只得到起动性能好或起动性能差两种评价结果，不能对好的程度或差的程度进行量化比较。这样，对于同一辆汽车，虽然起动性能相差较大，但用这种检测方法得到的结果却是一样的。因此，准确的、先进的、智能化的检测系统已成为一种需要。

柴油机高原低温起动性能评价方法主要有自然环境和实验室环境试验评价方法和数值计算评价方法。随着计算机技术和模型技术的发展，数值计算评价也是很有前景的评价方法。

3.3.1　试验评价方法

自然环境试验评价是利用自然环境试验评价柴油机高原低温起动性能最常用的方法。实验室环境试验评价是指在实验室内模拟高原低温环境进行柴油机起动过程试验，获取试验结果，通过实验结果进行评价。

（1）无起动辅助措施柴油机起动性能评价

① 评价指标的确定。通过对柴油机起动过程、起动影响因素的分析，参照

有关评价汽车起动性能的国家、军用标准，研究确定了评价柴油机无辅助措施起动性能的指标。主要指标有：一定海拔和温度下柴油机起动时间、起动次数、起动转速、暖机时间、柴油机空载转速、怠速转速、怠速波动率等。

② 评定规则。根据柴油机起动性能检测分析系统检测参数，记入起动性能评价记录表（表3-10）。

表3-10　柴油机起动性能评价记录表（无冷起动辅助措施）

起动前	起动时	起动后		评价结果
环境压力/kPa	起动转速/(r/min)	暖机	怠速	
进气温度/℃	*起动时间/s (≤30s)	柴油机空载转速/(r/min)	*怠速转速/(r/min)	
蓄电池电压/V	☆起动次数/成功次数（允许三次）	暖机时间/s (≤20min,冷却水温达60℃)	*转速波动（小于50r/min）	
冷却水温度/℃		冷却水温度/℃		

表3-10中，柴油机起动性能检测分析系统测量的参数分为两项，即关键项、一般项，其中关键项用 * 标记。柴油机起动性能的评定采用综合项次来衡量，分为优等、良好、一般、差四级（下同）。评定规则见表3-11。

表3-11　柴油机起动性能评价表（无冷起动辅助措施）

等级	要求
优等	*项满足要求;☆项起动次数等于成功次数;冷起动暖机时间短
良好	*项满足要求;☆项柴油机允许起动2次
一般	*项满足要求;☆项满足要求
差	*项中有一项不满足要求;或☆项柴油机起动次数超过三次

（2）装备冷起动辅助措施的柴油机起动性能评价

① 评价指标的确定。装备冷起动辅助措施的柴油机起动性能评价主要有：一定海拔和温度下起动时间、起动次数、起动转速、暖机时间、柴油机空载转速、怠速转速、怠速波动率、预热时间、预热电流、预热电压等。

② 评定规则。根据柴油机起动性能检测分析系统检测参数，记入起动性能评价记录表，如表3-12所示。评定规则见表3-13。

表 3-12　柴油机起动性能评价记录表 (有冷起动辅助措施)

起动前		预热时	起动时	起动后			评价结果
环境压力/kPa		预热装置型号	起动转速/(r/min)	暖机		急速	
进气温度/℃		预热时间/s	*起动时间/s	柴油机空载转速/(r/min)		*急速转速/(r/min)	
蓄电池电压/V		预热消耗的电能	☆起动次数/成功次数(允许三次)	暖机时间/s		*转速波动(小于50r/min)	
冷却水温度/℃				冷却水温度/℃			

表 3-13　柴油机起动性能评价表 (有冷起动辅助措施)

等级	要求
优等	*项满足要求;☆项起动次数等于成功次数;总起动时间短(预热时间＋起动时间＋暖机时间);预热装置消耗的电能少
良好	*项满足要求;☆项柴油机允许起动2次;总起动时间较短;预热装置消耗的电能较少;油耗较少
一般	*项满足要求;☆项满足要求
差	*项中有一项不满足要求;或☆项柴油机起动次数超过三次

3.3.2　数值计算评价方法

数值计算评价方法是一种最经济的评价方法,在部分西方国家装备研制中已得到广泛应用,该技术以建立完善的环境试验信息数据库系统为基础,通过建立系统模型,在模型上做试验,以达到对实际设想的系统进行动态试验研究的目的,具有安全、经济、可控、无破坏性、可重复性好等显著优点。

(1) 模型建立

图 3-15 是根据某高压共轨柴油机的实际结构和管路尺寸建立的 GT-Power 数值计算模型。模型主要包括进排气管路模型、喷油器模型、汽缸模型 (燃烧模型、传热模型、漏气模型) 以及柴油机机体模型等。在柴油机起动过程中,缸内着火及燃烧、传热损失和漏气损失对起动性能影响很大,是柴油机起动过程数值计算模型建立的重点。

① 燃烧模型　缸内混合气发生着火及实现稳定燃烧是柴油机顺利起动的关键环节。在高原环境条件下,低气压、低温双重环境因素使得柴油机在起动过程中压缩终点压力和温度降低、燃油雾化不良、滞燃期变长等,造成柴油机高原低温

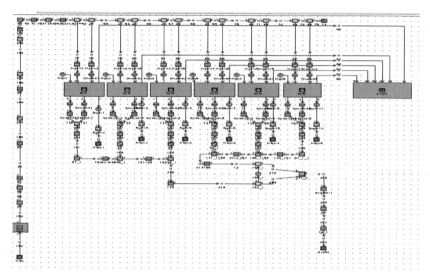

图 3-15　高压共轨柴油机起动过程数值计算模型

起动更加困难。在进行仿真计算时，柴油机燃烧模型主要有两种：一是利用 Wiebe 函数通过燃烧始点、燃烧持续期及燃油品质等参数确定燃烧过程；二是可预测的柴油机燃烧模型，它通过燃油破碎、雾化、着火、滞燃、汽缸传热、放热及排放物生成的化学动力学子模型的相互制约和影响，构成一个完整的燃烧模型，主要用于直喷式柴油机。在柴油机起动过程中，缸内燃烧不易控制，且过程很短暂，广安博之准维多区燃烧模型 EngCylCombDIJet 模型能够更好地反映实际情况。

EngCylCombDIJet 燃烧模型的属性参数很多，包括准维燃烧模型所有的需要定义的参数。如燃烧小区的划分、喷雾过程空气的卷吸过程（喷雾混合过程）、燃油蒸发模型、着火滞燃期模型和燃烧速率模型等。EngCylCombDIJet 模型比零维燃烧模型计算时间更长，计算结果相对来说也更加精确。

EngCylCombDIJet 燃烧模型将燃油喷雾的形成过程分成了若干轴向小区和径向小区，燃烧室内所有小区数目等于轴向和径向分区数目的乘积。在燃油喷射过程中，如图 3-16 所示，根据小区所处的不同阶段将这些小区分为了 Fuel Sub-Zone、Unburned Sub-Zone、Burned Sub-Zone。在未燃小区形成过程中，燃油卷吸空气是最关键的环节之一，燃油卷吸空气的过程其实也是喷雾速率损失的过程。处于喷雾外围区域的燃油，相对来说比较发散，卷吸的空气较多，其速率损失比较大，贯穿距较短，这样就形成了图 3-16 中所描述的喷雾形状。未燃小区在汽缸内发生着一系列的物化反应，当未燃小区逐渐达到着火边界条件时（一定的温度、压力和混合气浓度），开始着火燃烧。

准维燃烧模型需要设置的参数比较多，各个参数之间存在着必然的联系，

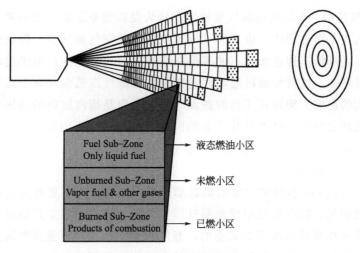

液态燃油小区

未燃小区

已燃小区

图 3-16　燃油喷雾分区

因此了解各个参数在模型中所代表的含义以及如何用数学公式进行表达显得尤为重要，这是进行高压共轨柴油机低气压低温起动过程仿真计算的关键步骤。在准维燃烧模型中，需要参数设置的模块主要包括燃油喷射、破碎、贯穿、卷吸、蒸发、燃烧、滞燃期等。

　　② 传热模型　传热损失是柴油机起动倒拖过程中影响缸内压缩压力和温度的重要因素之一。尤其在低气压低温环境条件下，柴油机汽缸壁的温度比较低，传热损失比较大，对起动过程的数值计算会产生很大的影响。

　　柴油机的传热过程计算主要包括三个部分：工质与燃烧室壁面的传热、燃烧室壁面内的热传导、燃烧室外壁面与冷却介质之间的传热。对于柴油机的冷起动过程模拟计算来说，主要考虑工质与燃烧室壁面的传热计算。

　　壁面传热量可按式（3-1）计算：

$$\frac{\mathrm{d}Q_w}{\mathrm{d}\phi} = \frac{1}{6n} \sum \partial_g A_i (T - T_{wi}) \tag{3-1}$$

　　式中，n 为柴油机转速，r/min；A_i 为缸内各部分传热面积，m^2；T 为瞬时变化的局部平均工质温度，K；T_{wi} 为瞬时变化的燃烧室各表面瞬时平均温度，K；∂_g 为工质与燃烧室壁的传热系数，W/(m^2·K)。

　　在计算工质和燃烧室壁面及燃烧室壁与空气的瞬时换热量时，首先确定瞬时平均传热系数 ∂_g。

$$\partial_g = 3.26 B^{-0.2} p^{0.8} T^{-0.55} w^{0.8} \tag{3-2}$$

　　式中，∂_g 为传热系数，W/(m^2·K)；B 为缸径，m；p 为缸压，kPa；T 为缸内温度，K；w 为缸内平均气体速度，m/s。

③ 漏气模型　柴油机的漏气量被广泛认为是检测柴油机性能的重要指标之一。柴油机在工作过程中，由于漏气导致汽缸内的空气量减少，燃油燃烧不充分，缸内温度降低，排放恶化。尤其是在柴油机起动过程中，由于起动转速较低，漏气量增加，这对柴油机起动性能特别是在低气压低温环境下能否成功起动产生较大的影响。柴油机工作时的漏气量，主要是指汽缸内的高压气体从汽缸壁与活塞环之间以及活塞环接头处的间隙泄漏到曲轴箱内的空气量。汽缸其它接合处间隙也存在一定的漏气，但漏气量比较小，为了计算的方便性和建模的简捷性，可忽略不计。

基于 GT-Power 软件建立柴油机起动过程模型时，为了更好地反映柴油机实际的起动情况，需在模型中增加漏气模型。漏气模型的建立是通过在汽缸上连接一个流量孔和泄漏通管来实现的，漏气通道的孔径和流量系数通过标定和数值计算来获取。柴油机漏气模型建立的主要依据是压缩气体在汽缸与活塞环间隙之间的相互流动，如图 3-17 所示。

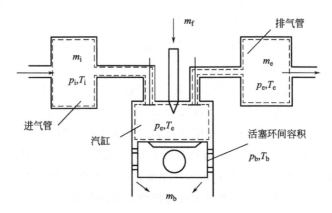

图 3-17　柴油机进排气系统结构示意图

在对柴油机起动过程漏气量进行计算时，需满足下列假设：

a. 漏气通道只有一个，即活塞环开口间隙；

b. 泄漏气体的流动是规则的稳态流动；

c. 密封油环没有发挥作用；

d. 曲轴箱内的气体压力与模拟环境压力相同；

e. 在计算过程中，忽略柴油机吸气和排气过程中的漏气损失。

如图 3-18 所示，p、T、V、m 分别表示汽缸内气体的压力、温度、体积和漏气质量；p_b、T_b、V_b、m_b 分别表示漏进活塞环间隙内气体的压力、温度、体积和漏气质量；p_c、T_c、V_c、m_c 分别表示漏进曲轴箱内气体的压力、温度、体积和漏气质量；A 代表活塞环接口间隙的横截面，如活塞环密封结构示意图 3-19

所示，面积 $A = S_{1\text{-}2\text{-}3\text{-}4}$（图 3-19 中 1-2-3-4 之间的面积）。

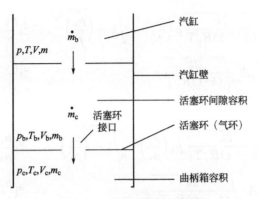

图 3-18　活塞环漏气示意图

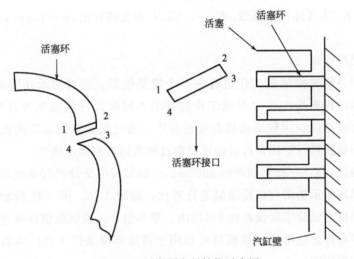

图 3-19　活塞环密封结构示意图

活塞环容积内压力的计算公式为：

$$p_b = \frac{(m_b - m_c)R_g T_b}{V_b} \quad (R_g \text{为气体常数}) \tag{3-3}$$

汽缸内的压力：

$$p = \frac{mR_g T}{V} \tag{3-4}$$

曲轴箱内气体的压力等于模拟环境的压力，即：

$$p_c = p_i$$

本模型假设不存在 $p_b > p$，即只有压缩空气从汽缸内往外泄漏。所以

$p_b < p$，通过活塞环接口处截面 A 的质量流率为：

$$\frac{\mathrm{d}m_b}{\mathrm{d}\varphi} = \begin{cases} K_c A \sqrt{\dfrac{2k}{(k-1)R_g T}} p \left(\dfrac{p_b}{p}\right)^{\frac{1}{k}} \sqrt{1 - \left(\dfrac{p_b}{p}\right)^{\frac{k-1}{k}}} & \text{当} \dfrac{p_b}{p} > 0.528 \text{ 时} \\ 0.259 K_c A \sqrt{\dfrac{2k}{(k-1)R_g T}} p & \text{当} \dfrac{p_b}{p} \leqslant 0.528 \text{ 时} \end{cases}$$

$$(3\text{-}5)$$

$$\frac{\mathrm{d}m_c}{\mathrm{d}\varphi} = \begin{cases} K_c A \sqrt{\dfrac{2k}{(k-1)R_g T_b}} p_b \left(\dfrac{p_c}{p_b}\right)^{\frac{1}{k}} \sqrt{1 - \left(\dfrac{p_c}{p_b}\right)^{\frac{k-1}{k}}} & \text{当} \dfrac{p_c}{p_b} > 0.528 \text{ 时} \\ 0.259 K_c A \sqrt{\dfrac{2k}{(k-1)R_g T_b}} p & \text{当} \dfrac{p_c}{p_b} \leqslant 0.528 \text{ 时} \end{cases}$$

$$(3\text{-}6)$$

式中，K_c 为气体流量系数，$K_c = 0.86$；k 为比热容比，$k = 1.4$；φ 为曲轴转角。

（2）模型验证

示功图是研究柴油机工作过程的一个重要依据，通过对示功图进行分析，可以判断柴油机整个工作过程或工作过程的不同阶段进展的完善程度。同样，示功图研究也可以应用到柴油机起动过程中，通过试验获取示功图曲线与数值计算示功图曲线进行对比，可以验证起动过程数值模型的准确性。

选择海拔 0m、$-25^{\circ}\mathrm{C}$ 和海拔 3000m、$-20^{\circ}\mathrm{C}$ 时的柴油机起动过程初始着火的前三个循环的示功图与试验结果进行对比，如图 3-20、图 3-21 所示。可以看出，模拟结果与试验结果误差在 5% 以内，基本吻合，说明数值计算过程的模型和计算边界条件比较准确，该模型可以用于高原环境条件下高压共轨柴油机起动过程的仿真研究。

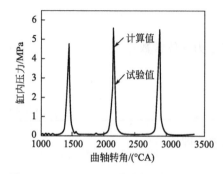 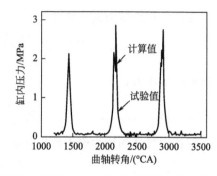

图 3-20　0m、$-25^{\circ}\mathrm{C}$ 着火循环示功图比较　图 3-21　3000m、$-20^{\circ}\mathrm{C}$ 着火循环的示功图比较

（3）计算结果与分析

在起动过程中，柴油机所处的环境条件对柴油机缸内燃烧状况、起动转速、缸内压力和排放均有较大的影响。在数值计算前，对大气压力、环境温度等参数进行提前设定，作为输入条件在软件中进行设置。

图 3-22～图 3-24 示出海拔 3000m 不同环境温度下，起动转速为 250r/min 时柴油机起动过程第 6 个循环时缸内温度和压力随曲轴转角的变化。

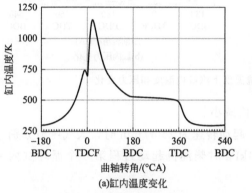

(a)缸内温度变化

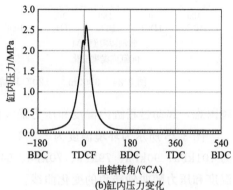

(b)缸内压力变化

图 3-22　3000m、0℃环境条件下缸内温度和压力变化

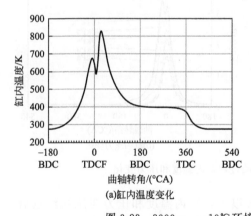

(a)缸内温度变化

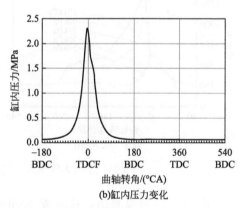

(b)缸内压力变化

图 3-23　3000m、−10℃环境条件下缸内温度和压力变化

由以上计算结果可以看出，在海拔 3000m、0℃环境条件下，柴油机起动过程第 6 个循环缸内温度和压力在压缩终点后继续上升，混合气着火；在海拔 3000m、−10℃环境条件下，缸内温度在压缩终点后继续上升，但幅度比较小，缸压在压缩终点后没有上升，直接下降，说明着火状况不好；在海拔 3000m、−20℃环境条件下，缸内压力和温度在压缩终点后直接降低，缸内没有着火。所以在相同海拔、相同起动转速下，随着环境温度降低，柴油机缸内着火越来

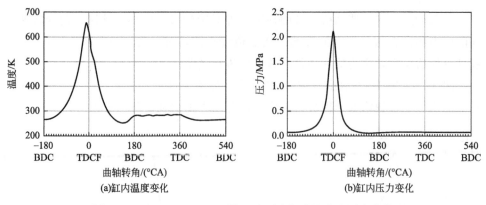

(a)缸内温度变化   (b)缸内压力变化

图 3-24　3000m、−20℃环境温度下汽缸内温度和压力变化

越困难，起动过程缸内温度和压力最大值减小。

图 3-25 所示为环境温度为−20℃、起动转速为 250r/min 时，大气压力分别为 101kPa、90kPa、79kPa、70kPa、54kPa 时柴油机起动过程第 6 个循环缸内温度和压力随曲轴转角的变化曲线。

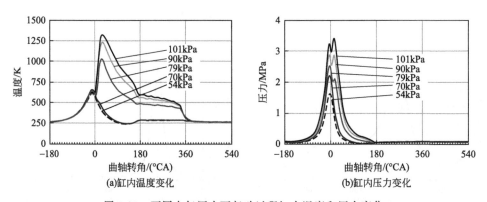

(a)缸内温度变化   (b)缸内压力变化

图 3-25　不同大气压力下起动过程缸内温度和压力变化

由图 3-25 可以看出，在海拔 3000m 以下，缸内温度和压力在压缩终点后继续上升，混合气着火，但大气压力越低，缸内温度和压力最高值越小；而在海拔 3000m 以上，缸内温度和压力在压缩终点后直接下降，缸内没有着火。因此，可以看出大气压力对柴油机起动过程缸内温度和压力的影响比较明显，在同一环境温度和起动转速下，随着大气压力降低，缸内温度和压力最高值逐渐降低。主要原因是随着海拔的升高，大气压力降低，柴油机进气量减少，缸内压缩终点压力降低，进而引起缸内压缩终点温度降低，最低着火临界温度值升高。同时，大气压力降低，缸内压缩终点压力过低，油气分子运动速

度过慢,燃油不易蒸发并与空气碰撞形成可燃混合气。另外,随着海拔的升高,大气压力降低,进气量不断减少,可燃混合气浓度升高,混合气不能着火或着火困难。

3.3.3　柴油机高原低温起动辅助措施评价

长期以来,为了有效解决柴油机冷起动难题,需采取一系列的冷起动辅助措施,如蓄电池保温箱、电热塞、进气预热装置、燃油加热器等。辅助措施的选取或组合是根据不同厂家、不同型号柴油机、不同使用环境等对冷起动的具体要求提出的,具有一定的针对性和局限性,所以其辅助柴油机起动的效果也各不相同。因此,可建立一个评价体系进行评价,得到不同冷起动辅助措施所对应的权值,为高原、寒区柴油机匹配冷起动辅助措施提供参考依据。

（1）评价体系的建立

通过对蓄电池保温箱、燃油加热器、电热塞、火焰进气预热装置以及 PTC 陶瓷预热装置等几种冷起动辅助措施的冷起动作用原理的理论分析,结合层次分析法结构模型建立的要求,构建如图 3-26 所示的评价体系模型。

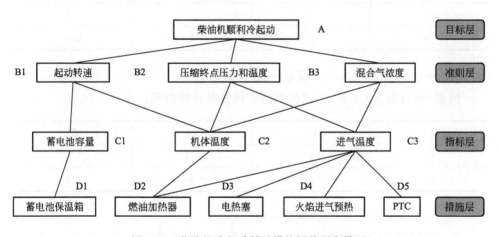

图 3-26　柴油机冷起动辅助措施评价研究模型

（2）建立判断矩阵并求解

根据冷起动辅助措施的理论分析和调研,对冷起动辅助措施评价研究层次分析模型列出以下判断矩阵,并计算得到每个判断矩阵的单排序权值向量 W,最大特征值 λ_{max} ,以及一致性判断标准 CR（随机一致性比率）。

① 目标层对准则层因素之间判断矩阵及其计算结果:

A	B1	B2	B3	*W*
B1	1	1	1	1/3
B2	1	1	1	1/3
B3	1	1	1	1/3

$\lambda_{max}=3$，CR=0<0.10，满足一致性要求。

② 准则层对指标层因素之间判断矩阵及其计算结果。

因素 B1 对因素 C1 和 C2 之间判断矩阵及其计算结果：

B1	C1	C2	*W*
C1	1	5	5/6
C2	1/5	1	1/6

$\lambda_{max}=2$，CR=0<0.10，满足一致性要求。

因素 B2 对因素 C2 和 C3 之间判断矩阵及其计算结果：

B2	C2	C3	*W*
C2	1	1/5	1/6
C3	5	1	5/6

$\lambda_{max}=2$，CR=0<0.10，满足一致性要求。

因素 B3 对因素 C2 和 C3 之间判断矩阵及其计算结果：

B3	C2	C3	*W*
C2	1	1/3	1/4
C3	3	1	3/4

$\lambda_{max}=2$，CR=0<0.10，满足一致性要求。

③ 指标层对措施层因素之间判断矩阵及其计算结果。

因素 C1 对因素 D1 之间判断矩阵及其计算结果：

C1	D1	*W*
D1	1	1

$\lambda_{max}=1$，CR=0<0.10，满足一致性要求。

因素 C2 对因素 D2 之间判断矩阵及其计算结果：

C2	D2	W
D2	1	1

$\lambda_{max}=1$，CR$=0<0.10$，满足一致性要求。

因素 C3 对因素 D2，D3，D4，D5 之间判断矩阵及其计算结果：

C3	D2	D3	D4	D5	W
D2	1	1/7	1/5	1/7	0.061
D3	7	1	7/5	1	0.318
D4	5	5/7	1	5/7	0.303
D5	7	1	7/5	1	0.318

$\lambda_{max}=4.08$，CR$=0.03<0.10$，满足一致性要求。

以上为层次间因素单排序计算结果，但评价的结论为最底层因素相对于顶层因素的层次总排序权值向量，故还需要对上述排序结果进行逐层汇总加权计算。

层次 B 相对层次 C 的层次总排序计算：

层次 C	B1	B2	B3	C 层总排序权值 W
	1/3	1/3	1/3	
C1	5/6	0	0	0.278
C2	1/6	1/6	1/4	0.194
C3	0	5/6	3/4	0.528

$$CR=\frac{\sum_{j=1}^{m}a_j CI_j}{\sum_{j=1}^{m}a_j RI_j}=0<0.10$$，满足一致性要求。

层次 C 相对层次 D 的层次总排序计算：

层次 D	C1	C2	C3	C 层总排序权值 W
	0.278	0.194	0.528	
D1	1	0	0	0.278
D2	0	1	0.061	0.226
D3	0	0	0.318	0.168
D4	0	0	0.303	0.160
D5	0	0	0.318	0.168

$$CR = \frac{\sum\limits_{j=1}^{m} a_j CI_j}{\sum\limits_{j=1}^{m} a_j RI_j} = 0.027 \times 0.528/(0.528 \times 0.9) = 0.03 < 0.10 ，满足一致性$$

要求。

根据以上计算，最终确定措施层 D 中各因素（D1——蓄电池保温箱，D2——燃油加热器，D3——电热塞，D4——火焰进气预热装置，D5——PTC陶瓷预热装置）对目标层 A（柴油机顺利冷起动）的贡献权重向量为（0.278，0.226，0.168，0.160，0.168）。

应用层次分析法，分析得出各种冷起动辅助措施的作用效果权重因子：蓄电池保温箱 0.278，燃油加热器 0.226，电热塞 0.168，PTC 陶瓷预热装置 0.168，火焰进气预热装置 0.160。按从高到低的顺序依次为蓄电池保温箱，燃油加热器，PTC 陶瓷预热装置，电热塞，火焰进气预热装置。

参考文献

[1] 刘瑞林，董素荣，刘刚，等. 发动机高原环境实验室：ZL 200910244965.4 [P]. 2012-05-09.

[2] 刘瑞林，董素荣，许翔，等. 内燃动力设备高原环境模拟试验舱：ZL 201110190551.5 [P]. 2015-8-19.

[3] 刘瑞林，董素荣，刘刚，等. 一种模拟内燃动力设备高原性能的试验舱：ZL 201120239427.9 [P]. 2012-2-22.

[4] 刘瑞林，董素荣，周广猛，等. 一种在模拟高原环境下测定发动机性能的实验装置：ZL 200920251867.9 [P]. 2010-10-06.

[5] 陈飞龙，姚斌，朱卫. 发动机三高移动箱式测试台：CN201410554994.1 [P]. 2018-08-24.

[6] 赵云达. 电控柴油机整车高原适应性评价方法研究 [D]. 长春：吉林大学，2007.

[7] JB/T 9773.2—1999. 柴油机 起动性能试验方法 [S]. 1999.

[8] GB/T 12535—2007. 汽车起动性能试验方法 [S]. 2007.

[9] GB/T 18297—2001. 汽车发动机性能试验方法 [S]. 2001.

[10] T/CSAE 153—2020. 汽车高寒地区环境适应性试验方法 [S]. 2020.

[11] 何西常. 高原环境条件下高压共轨柴油机起动过程研究 [D]. 天津：陆军军事交通学院，2014.

第 4 章

电控柴油机高原低温起动过程喷油参数优化技术

高原低温环境下，喷油参数是除大气压力、温度外影响柴油机起动过程最为重要的因素。对于高压共轨柴油机来说，虽然采用高压喷射可以提高燃油的雾化质量，促进可燃混合气的形成，改善起动过程稳定性和排放特性等，但仍然需要对起动过程的喷油参数进行优化，以提高柴油机高原低温起动性能。本章重点介绍柴油机平原低温起动过程喷油参数优化、柴油机高原低温起动过程喷油参数优化以及柴油机高原实地喷油参数标定。

4.1 电控柴油机平原低温起动过程喷油参数优化

电控高压共轨柴油机因其喷油量、喷油压力、喷油正时与喷油速率等喷油参数可以灵活控制，能够实现更精准地控制柴油机起动、燃烧及排放，而且具有更好的燃油经济性。电控燃油喷射系统中，与柴油机转速无关的可控轨压，多次喷射的喷油量、喷油正时及其喷油时间间隔均可由 ECU（电子控制单元）精确而灵活地柔性控制。将不同海拔下传感器采集的空气进气量、柴油机负荷、水温、进气温度等信号输入 ECU，由 ECU 计算出环境因素修正后的最佳轨压、最佳喷油正时和喷油量。因此，电控高压共轨柴油机喷油规律具有很大的灵活性和自由度，可以在任何工况下优化发动机输出转矩，降低排放污染、燃油消耗及噪声。

某高压共轨柴油机起动过程喷油参数标定控制流程如图 4-1 所示，根据环境条件需要修正的主要参数包括柴油机起动过程喷油正时（主喷正时、预喷间隔角）、喷油量、喷油压力（轨压）等。

标定前更换相应的燃油和冷却液，检查蓄电池和预热装置的工作状况，按正常冷起动试验要求做好相关试验准备后，将柴油机及辅件冷冻到设定的温度

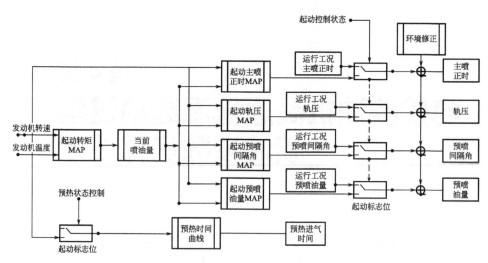

图 4-1　柴油机起动过程喷油参数标定控制流程（MAP 为脉谱）

并保持 8h 以上，使柴油机、燃油系统及其附件充分冷却。通过标定工具对柴油机起动过程的轨压、喷油提前角、预喷射等参数进行离线方案标定和在线验证优化标定，对比不同参数设置情况下柴油机的冷起动特性，以及各参数对柴油机冷起动性能的影响。

4.1.1　喷油压力（轨压）优化

在一定的低温环境下，喷油压力（轨压）直接影响油束在燃烧室内的分布和雾化，从而产生不同的燃烧效果。因此，合适的喷射压力与燃烧室的几何形状相匹配，可以获得良好的油气混合和燃烧条件。如表 4-1 所示，在环境温度 -35℃、轨压为 30MPa 时，柴油机起动时间最短，怠速无烟，起动效果最佳。而当轨压较低时（低于 20MPa），燃油黏性较大，导致雾化不良，燃烧不完全甚至不能着火，起动很困难，冒白烟；当轨压太高，超过某一限值时柴油机也完全没有着火迹象。原因是低温下随着轨压的提升，油束贯穿力增强，贯穿距增大，油束撞壁明显，无法与空气混合形成可燃混合气并着火；另外轨压太高会引起雾化时吸热过快，导致缸内温度较低，也不利于混合气着火。

表 4-1　-35℃ 时轨压对起动性能的影响

轨压/MPa	起动时间/s	怠速转速/(r/min)	起动评价
20	失败	—	—
22.5	26	1195	怠速冒白烟
25	19	1192	转速上升慢,怠速冒白烟

续表

轨压/MPa	起动时间/s	怠速转速/(r/min)	起动评价
27.5	11.37	1172	怠速有淡白烟
30	5.7	1123	起动较迅速,怠速无烟
32	13.7	1182	怠速有淡黑烟
35	33	1193	较大黑烟冒出
37.5	失败	—	—

由表 4-1 可见,轨压对柴油机低温起动性能有非常明显的影响。经过标定寻优得出不同温度下最佳起动轨压限定值 (图 4-2),在各温度下设置优化的起动轨压,柴油机均能快速平顺起动。由图 4-2 还可以看出,随着环境温度的降低,起动轨压应适当减小。

图 4-3 为某电控高压共轨柴油机冷起动过程起动时间随轨压的变化趋势。由表 4-1 和图 4-3 均可以看出,随着轨压的增大,起动时间首先是逐渐减小,在某一最佳轨压时达到最小值,然后随着轨压的增大,起动时间又逐渐增大,尤其是当轨压大于某一限定值后,起动时间明显增大,甚至不能起动。这主要是因为随着轨压的升高,喷油的初速度增大,从而使雾化的细度和均匀度提高,燃油雾化变好;然而轨压越大,喷雾贯穿距就越长,这样就会有较多的燃油喷射在燃烧室的壁面上,又由于此时燃烧室壁面的温度比较低,喷射到壁面上的燃油不易蒸发,因此不利于混合气的形成和着火。

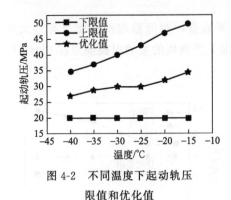

图 4-2　不同温度下起动轨压
限值和优化值

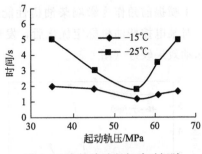

图 4-3　冷起动过程起动时间随
轨压的变化趋势

4.1.2　喷油提前角优化

柴油机起动成功取决于两个因素,一个是要有足够高的气体压缩温度,另一个是一定数量的易燃的"空气-燃油"混合气。柴油机在低温起动时转速低,只有在压缩上止点附近才能达到着火温度，这与正常工况较早地达到着火温度不同，所以起动时最佳喷油提前角较正常工况时小。如果喷油过早，温度达不到着火温度，燃油就不能自行着火，待蒸发汽化后又会因蒸发吸热而降低压缩温度，更无法自燃。燃油过迟喷入汽缸内时温度已经开始下降，同样不易着火。喷油提前角的最大值由喷油器和燃烧室的结构尺寸决定，以不把燃油喷射到缸壁为限。最佳的喷油正时应该是喷油后一部分燃油能迅速着火，再由燃烧产生的热量促进燃油进一步汽化、混合，以保证迅速燃烧。

（1）预喷对柴油机起动过程的影响

预喷是在主喷射之前进行的喷射，利用其产生的冷焰反应可使燃烧室内的温度升高，在缸内形成活化气体氛围，改善燃烧室的环境，当主喷油量喷入其中后，有利于可燃混合气的形成，从而改善了起动性能。

图 4-4 为有预喷和无预喷时的起动时间随起动油量的变化曲线。其中，环境温度为 11℃，大气压力为 100kPa。由此可以看出：有预喷时的起动时间明显比无预喷时的起动时间小，且喷油量调控范围更大。在起动油量为 15mg 和 40mg 时，没有预喷时起动失败，但是加入预喷后起动成功。在起动油量为 15mg，没有预喷时，缸内温度较低，无预喷所产生的活化气体氛围，使得缸内形成的可燃混合气过少，因此起动失败；在起动油量为 40mg 时，由于喷入的燃油过多，可燃混合气形成过程中吸收了部分热量，同时由于未燃的可燃混合气排出时带走的热量也偏多，因此使得缸内温度过低，达不到自燃所需要的温度，所以会出现无法着火的现象。

（2）主喷提前角优化

主喷提前角作为影响柴油机性能的重要因素，对低温起动性能也有很大影响。对某电控柴油机标定优化后，发现低温下柴油机的主喷射提前角在 6°～8°时冷起动效果较好（图 4-5）。

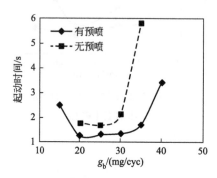

图 4-4　有预喷和无预喷时的起动
时间随起动油量的变化曲线

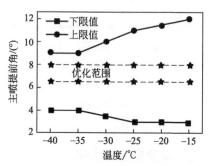

图 4-5　不同温度下主喷射
提前角限值和优化值

图 4-6 给出了某电控高压共轨柴油机起动时间随着主喷提前角的变化趋势，它存在一个临界点，大于或者小于这个临界点，都会使起动时间增加，起动性能下降，甚至会出现无法着火的情况。主喷提前角越大，喷入的燃油与空气混合的时间越长，越容易形成比较多的可燃混合气，但这样极易形成局部混合气过浓的现象，使空燃比偏小，而形成的可燃混合气越多，缸内温度也就相对越低，在这两个因

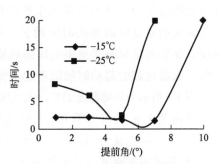

图 4-6　起动时间随主喷
提前角的变化趋势

素的影响下，反而不利于可燃混合气的着火，从而使起动时间增加，所以起动时间随着主喷提前角的变化存在一个最佳临界值。

（3）预喷提前角优化

传统柴油机低温冷起动过程中，喷油压力和汽缸内温度低，燃油蒸发速度慢，喷入的燃油只有少部分在着火期内蒸发汽化；同时，柴油机起动转速低，空气涡流弱，燃料与空气的混合变差，因此，燃烧不稳定，发动机易失火，从而导致发动机转速不稳，未燃烧的燃油大量排出形成白烟。预喷射发生在主喷前，可使主喷时缸内燃气压力和温度略有提高，使得主喷的着火延迟缩短。预喷可以减少单次喷油量，从而减小喷射油柱的贯穿距，这样可有效地减少燃油碰壁的机会。预喷放热增大，提高总的喷油放热率，燃烧时压力增大，而峰值压力却减小，这样的燃烧被称为"柔和燃烧"。

表 4-2 给出了冷却液温度为 −20℃时预喷射对冷起动过程的影响。在优化轨压和主喷正时的基础上，预喷间隔角为 10°，预喷油量为 12mg 时起动时间最短。由此可见，预喷间隔角和预喷量对起动性能的影响非常明显。

表 4-2　预喷射对冷起动过程的影响

预喷间隔角/(°)	6	8	10	12	10	10	10	10
预喷油量/mg	8	8	8	8	6	10	12	14
拖转转速/(r/min)	126	120	110	93	130	114	112	101
起动时间/s	3.98	3.12	1.9	5.7	4.3	2.4	1.5	3.6

4.1.3　喷油量优化

在柴油机起动过程中，随着喷油量的增加，燃油雾化形成的可燃混合气增加，燃烧产生的能量增大，起动时间缩短。但当油量过大时，可燃混合气的浓度增大，燃油吸热、蒸发所需要的热量增加，使得缸内温度下降；同时，在起

动机倒拖过程中，排出缸外的未燃的可燃混合气带走的热量增多，达到可燃混合气着火的温度所需要的时间增长，使缸内温度下降。为达到可燃混合气着火温度，需要起动机提供更多的压缩热能，相应的压缩次数增多，起动时间增长。因此，起动过程的起动时间随着起动油量的增加先减小后增大。

图 4-7 所示为环境温度 11℃、大气压力 100kPa、起动结束标志转速 n 为 800r/min、主喷提前角上止点前 10℃A、共轨油压 30MPa、预喷量每循环 2mg、预喷时间 2000μs、起动油量分别为每循环 10mg、15mg、20mg、25mg、30mg、35mg、40mg 时起动转速随时间的变化曲线，图 4-8 为起动时间随起动油量的变化曲线。可以看出：在其它参数一定的前提下，随着起动喷油量的增大，起动时间首先逐渐减小，在油量每循环 20mg 附近减小到最小；然后随着起动油量的增大，起动时间又逐渐增大，并且每循环 20mg、25mg、30mg 的起动时间相差不大；而在起动过程的稳定运转阶段，随着起动油量的增大，转速上升的速度加快。

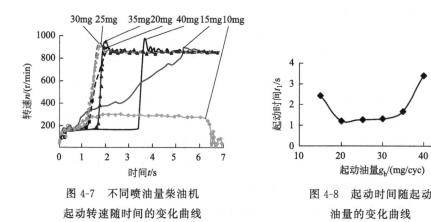

图 4-7 不同喷油量柴油机
起动转速随时间的变化曲线

图 4-8 起动时间随起动
油量的变化曲线

图 4-9 为某电控共轨柴油机在 -15℃ 环境温度下起动时间随油量的变化曲线。由此可见，在不同的环境温度下，柴油机起动过程具有最佳的喷油量，喷

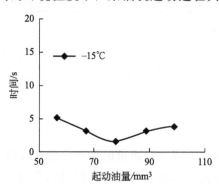

图 4-9 冷起动过程起动时间随油量的变化曲线

油量过大或过小均不利于柴油机起动。

4.2　电控柴油机高原低温起动过程喷油参数优化

在高原低温环境下，由于大气压力的降低，使柴油机进气质量和进气压力减小，导致柴油机起动过程压缩终了温度和压力下降，混合气形成质量变差，平原低温环境标定的最佳起动喷油量在高原地区是过量的。因此，为了提高柴油机高原低温起动性能，需要对其起动过程喷油参数进行标定优化。

4.2.1　喷油量优化

（1）循环喷油量对柴油机高原起动过程中的升速稳定性的影响

同济大学为提高柴油机高原起动过程中的升速稳定性，以某重型高压共轨柴油机为试验样机，在高原低温环境模拟试验台上，研究了重型柴油机在海拔4000m 以下，喷油参数对柴油机高原低温起动性能的影响。表 4-3 和图 4-10 为海拔 3000m，环境温度－30℃时的循环喷油量试验方案。

表 4-3　某柴油机不同循环喷油量试验方案

试验方案	描述
方案 A（原机）	转速 120～165r/min 时循环喷油量为 110mg，转速 165～665r/min 时循环喷油量随转速的升高率为 0.038mg/(r/min)，转速 665～800r/min 时循环喷油量为 129mg
方案 B	转速 120～165r/min 时循环喷油量为 110mg，转速 165～665r/min 时循环喷油量随转速的升高率为 0.028mg/(r/min)，转速 665～800r/min 时循环喷油量为 124mg
方案 C	转速 120～165r/min 时循环喷油量为 110mg，转速 165～665r/min 时循环喷油量随转速的升高率为 0.018mg/(r/min)，转速 665～800r/min 时循环喷油量为 119mg
方案 D	转速 120～165r/min 时循环喷油量为 110mg，转速 165～665r/min 时循环喷油量随转速的升高率为 0.048mg/(r/min)，转速 665～800r/min 时循环喷油量为 134mg

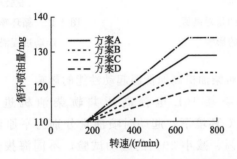

图 4-10　海拔 3000m，环境温度－30℃时的循环喷油量

图 4-11 为海拔 3000m、环境温度－30℃时，4 种循环喷油量方案下柴油机冷起动转速随时间的变化曲线。从图 4-11 可以看出，循环喷油量采用方案A 时，柴油机转速上升至 346r/min 后出现滞速，滞速平均幅度为 75r/min；若减少循环喷油量（方案 B），柴油机在转速 378r/min 时出现滞速，滞速幅度为 54r/min；当循环喷油量进一步减少时（方案 C），滞速出现转速上升至401r/min，滞速幅度下降至 40r/min。可以看出，在高原环境下合理减少循环喷油量，可以抑制柴油机冷起动过程中滞速的出现。而当循环喷油量增加时（方案 D），柴油机转速上升至 300r/min 时即出现滞速，且滞速幅度达到90r/min。

图 4-12 为不同循环喷油量方案下柴油机滞速出现的规律。从图中可看出，随着循环喷油量的减小，升速阶段滞速时间缩短，升速时间稍有增加，滞速比例降低。这是因为随着循环喷油量的减小，柴油机起动过程中转速的升高率降低，升速时间增长，缸内热环境改善，时间计滞燃期缩短，导致转速升高，滞速比例下降。当循环喷油量增加时（方案 D），柴油机起动过程中转速的升高率升高，以曲轴转角计的滞燃期迅速升高，使柴油着火时刻远离压缩上止点，缸内温度、压力低，无法达到燃油的自燃点，导致柴油机出现连续失火，滞速幅度增大。

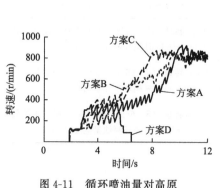

图 4-11 循环喷油量对高原
冷起动过程的影响

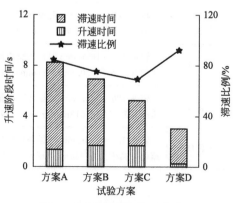

图 4-12 循环喷油量对柴油机
起动过程滞速的影响

（2）循环喷油量对柴油机高原低温起动性能的影响

天津大学对潍柴某 10L 电控高压共轨柴油机进行了海拔 3000m（71kPa）、温度－30℃环境下，起动时喷油量分别为平原油量（原机油量）、增加 10%、减小 10%、减小 20% 的起动试验，不同海拔低温起动试验结果如表 4-4 所示。

表 4-4　某 10L 柴油机不同海拔低温起动试验结果

试验温度/℃	大气压力/kPa	起动油量	起动时间/s	起动结果
-30	71	原机油量	15	成功
-30	71	增加 10%	—	失败
-30	71	减小 10%	6	成功
-30	71	减小 20%	9	成功

　　研究结果表明，随着海拔的升高，柴油机起动喷油量对柴油机起动性能有较大的影响。某 10L 柴油机在温度 -30℃、71kPa 环境下，原机高原起动性能比平原严重下降，且柴油机转速波动较大；增大 10% 起动油量不仅不会缩短柴油机起动时间，反而会造成柴油机严重失火，最终起动失败；而减小 10% 起动油量，相比原机起动时间缩短 60%，起动后柴油机转速波动较小；减小 20% 起动油量，相比原机缩短起动时间 40%，起动后柴油机转速波动较小，但是和减小 10% 起动油量的情况相比，起动时间增长 50%，尤其是起动初期转速上升阶段。因此，该柴油机的起动油量减小 11%～13%，起动性能可以达到最佳状态。

4.2.2　喷油提前角优化

　　除循环喷油量外，喷油提前角是决定柴油机着火延迟的关键因素之一。在循环喷油量一定的情况下 [转速 120～165r/min 时循环喷油量为 110mg，转速 165～665r/min 时循环喷油量随转速的升高率为 0.018mg/(r/min)，转速 665～800r/min 时循环喷油量为 119mg]，不同喷油提前角方案如表 4-5、图 4-13 所示。

表 4-5　喷油提前角方案

试验方案	描述
方案 1	转速 120～400r/min 时喷油提前角为 5℃A BTDC(上止点前)，转速 400～800r/min 时喷油提前角随转速的升高率为 0.0075(℃A)/(r/min)
方案 2	转速 120～370r/min 时喷油提前角为 5℃A BTDC，转速 370～800r/min 时喷油提前角随转速的升高率为 0.0117(℃A)/(r/min)
方案 3	转速 120～330r/min 时喷油提前角为 5℃A BTDC，转速 330～800r/min 时喷油提前角随转速的升高率为 0.015(℃A)/(r/min)
方案 4	转速 120～400r/min 时喷油提前角为 5℃A BTDC，转速 400～800r/min 时喷油提前角随转速的升高率为 0.0025(℃A)/(r/min)

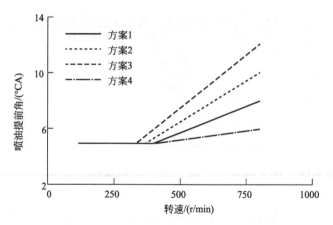

图 4-13　海拔 3000m，环境温度−30℃时的喷油提前角方案

　　图 4-14 为海拔 3000m、环境温度−30℃时，4 种喷油提前角方案下柴油机起动过程中转速随时间的变化规律。当喷油提前角采用方案 1 时，柴油机转速上升至 401r/min 后出现滞速，滞速平均幅度为 40r/min；若喷油提前角增加（方案 2），柴油机在转速 544r/min 时出现滞速，滞速幅度为 32r/min；当喷油提前角进一步增大时（方案 3），滞速出现转速上升至 638r/min，滞速幅度下降至 24r/min。可以看出，合理地增大喷油提前角，可以抑制柴油机冷起动过程中滞速的出现，降低滞速幅度。而当喷油提前角减小（方案 4）时，冷起动升速滞速出现转速为 403r/min，且滞速幅度达到 53r/min，起动性能变差。

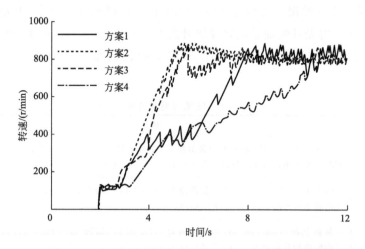

图 4-14　喷油提前角对柴油机高原冷起动过程的影响

　　由图 4-15 不同喷油提前角方案下柴油机滞速出现的规律可见，随着喷油提前角的增大，升速阶段滞速时间缩短，升速时间变化幅度较小，滞速比例降低。

方案 3 与方案 1 对比时，滞速时间缩短 2.69s，滞速比例从 68.3％ 下降至 34.8％。这是因为适当地提前喷油有利于燃油的雾化蒸发，故可改善高原环境条件下的燃烧状况，避免着火延伸至膨胀行程中，抑制滞速的出现。

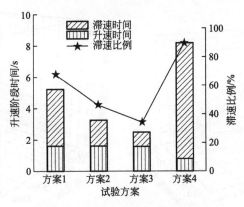

图 4-15　喷油提前角对滞速的影响

当喷油提前角减小时（方案 4），由于喷油较晚，着火时刻延后至压缩上止点之后，缸内的压力、温度、介质密度降低，导致后燃严重，甚至出现失火现象，使得滞速比例增大。

4.2.3　柴油机高原低温起动过程最佳喷油参数脉谱

在高原环境下，喷油参数对柴油机起动过程有着重要的影响。随着海拔的升高，大气压力降低，空气密度减小，导致吸入柴油机汽缸内的空气质量减少，再加上低温的影响，滞燃期增大，柴油机着火困难。通过柴油机起动过程中喷油参数优化，确定最佳的循环喷油量和喷油提前角，可提高柴油机在高原环境条件下的起动性能。

（1）不同海拔条件下柴油机起动过程最佳喷油参数脉谱

通过对某柴油机不同海拔（3000m、4000m、5000m、5500m）、不同环境温度（0℃、-10℃、-25℃、-30℃、-35℃）、不同喷油参数（循环喷油量、喷油提前角）条件下起动过程的计算，得到柴油机在不同海拔条件下的起动过程最佳喷油参数脉谱（图 4-16 和图 4-17）。

如图 4-16 所示，在喷油提前角一定的情况下，在同一环境温度下，海拔每升高 1000m，最佳循环喷油量减少 10mg 左右；在同一海拔条件下，随着环境温度的降低，最佳循环喷油量逐渐增大。这主要是因为在高原环境条件下，随着海拔的增加，大气压力降低，空气含氧量少，使得进入汽缸内与燃油混合的空气量减少，因此需要适当地减少循环喷油量来使汽缸内混合气浓度维持在一定范围内，满足混合气着火的需要。在同一海拔条件下，随着温度的降低，进入汽缸内的燃油蒸发量减少，适当地增加循环喷油量，用以增加燃油蒸发量，形成更多的可燃混合气，同时也可以提高压缩终点的压力和温度。

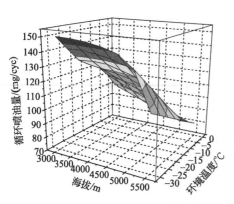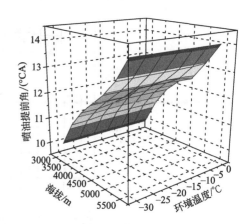

图 4-16　起动过程最佳循环喷油量脉谱　　　图 4-17　起动过程最佳喷油提前角脉谱

由图 4-17 所示，随着海拔的升高，最佳喷油提前角逐渐增大，在同一环境温度下，海拔每升高 1000m，最佳喷油时刻提前 1°CA～2°CA；在同一海拔条件下，随着环境温度的降低，喷油提前角对柴油机起动过程的影响不是太明显，最佳喷油提前角相差不大。这主要是因为随着海拔的升高，大气压力降低，在起动过程中进入汽缸内的空气量减少，汽缸内的压力和温度降低，不利于燃油的吸热、蒸发、破碎以及与空气混合形成可燃混合气，因此需要适当地提前喷油时间，增加燃油与空气的混合时间，以形成较多的可燃混合气，便于柴油机着火，提高柴油机的起动性能。

（2）不同海拔条件下柴油机最低起动温度

最低起动温度是评价柴油机高原环境适应性的重要参考指标之一，最低起动温度越低，柴油机的环境适应性就越好。在不同海拔条件下，柴油机具有不同的最低起动温度，确定柴油机在不同海拔下的最低起动温度，对于开展柴油机低气压低温起动辅助装置研究具有重要的指导意义。

在上述对某柴油机高原低温起动过程最佳喷油参数优化的同时，也得到了喷油参数优化后柴油机在不同海拔下的最低起动温度。由表 4-6 柴油机不同海拔下最低起动温度可知，优化后柴油机的最低起动温度降低，起动性能得到较好提升，在 3000m、4000m、5000m、5500m 海拔下较优化前最低起动温度分别降低约 5℃、10℃、10℃、10℃。

表 4-6　柴油机不同海拔下最低起动温度

海拔/m	最低起动温度/℃		
	优化前	优化后	降低
3000	−30～−25	−35～−30	5
4000	−10～−5	−20～−15	10
5000	0～5	−10～−5	10
5500	5～10	−5～0	10

随着海拔的升高，柴油机起动越来越困难，其最低起动温度也越来越高。这主要是因为海拔越高，柴油机起动所处的环境条件就越恶劣，除了低温的影响外，大气压力对起动过程的影响越来越明显，柴油机的起动性能越来越差。在 3000m 海拔下，优化后最低起动温度降低 5℃，较其它海拔下的要小，主要是优化前的起动过程喷油参数采用的是试验中的喷油参数，而试验中的喷油参数比较接近 3000m 海拔下最佳起动过程喷油参数，因此最低起动温度降低幅度不大；而其它海拔下的最佳喷油参数与试验中的喷油参数相差比较大，经优化后柴油机的起动性能得到较好的提升，因此最低起动温度降低的幅度比较大。

综上，为了实现柴油机在更高海拔、更低温度条件下的起动性能，只优化喷油参数是不够的，必须采用相应的冷起动辅助措施。如采用超级电容或蓄电池保温装置，以保证柴油机所需的起动转速；采用高原型燃油加热器等升温起动辅助装置提高柴油机机体、冷却液、润滑油及燃油的温度，减少起动阻力和漏气损失，促进形成更多的可燃油气混合物，使得柴油机更容易着火，同时也可以减少起动过程中的摩擦损失，延长柴油机的寿命。

4.3　电控柴油机高原实地喷油参数标定

吉林大学对某解放牌电控柴油车辆进行了高原实地起动过程标定。标定参数包括起动喷油量、起动喷油正时、起动油轨压力、高原起动油量修正、高原起动正时修正、起动相关逻辑门限值常数等。标定流程如图 4-18 所示。

标定地点在格尔木市，海拔 2800m，大气压力 72.2kPa，环境温度 −2～2℃。试验前浸车时间大于 12h。

试验结果表明，标定前柴油机起动困难，需要起动 2～3 次才能成功，且起动拖动时间较长，超过 5s 以上，起动过程中烟度较大（图 4-19），且息速转速不稳。

优化标定后柴油机高原起动性（环境温度 −2～3℃，大气压力 72kPa）明显改

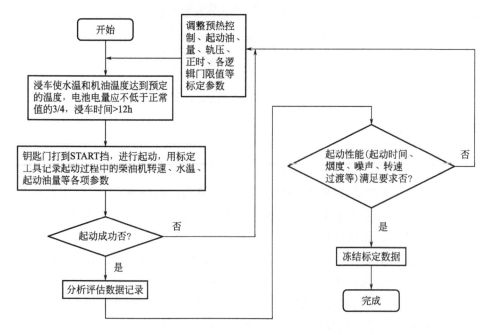

图 4-18　标定流程图

图 4-19　标定前起动过程中柴油机排烟

善，一次起动成功，起动时间（从打钥匙门到发动机转速第一次达到 $750r/min$）小于 $4s$。柴油机起动成功后向怠速工况过渡平滑顺畅，可以马上进入怠速稳定运转。

参考文献

[1] 梁郑岳，朱万泥，胡国启，等 . 高压共轨柴油机冷起动关键控制参数优化的试验研究 [J]. 车用发动

机，2012，(4)：48-52.

[2] 董伟，于秀敏，于洪洋，等 . 共轨柴油机起动油量和主喷提前角对起动特性的影响 [J]. 农业工程学报，2009，(25)：64-68.

[3] 楼狄明，阙泽超，曹志义，等 . 重型柴油机高原低温起动升速稳定性试验 [J]. 长安大学学报（自然科学版），2017，37 (1)：120-126.

[4] 何西常 . 高原环境条件下高压共轨柴油机起动过程研究 [J]. 陆军军事交通学院学报，2013.

[5] 赵云达 . 电控柴油机整车高原适应性评价方法研究 [D]. 长春：吉林大学，2007.

[6] 董伟，于秀敏，张斌 . 预喷射对高压共轨柴油机起动特性的影响 [J]. 内燃机学报，2008，26 (4)：313-318.

[7] 郁建明，王波，徐剑飞，等 . CA6DL1-32 柴油机冷起动性能试验研究 [J]. 现代车用动力，2012，(1)：58-60.

第5章
柴油机高原低温起动电源技术

在柴油机起动时，蓄电池须在3～5s内向起动机连续供给强大电流（柴油机汽车一般为800A以上）。然而，随着电解液温度的降低，铅酸蓄电池放电能力会显著下降，影响靠铅酸蓄电池起动车辆低温环境下的正常起动。为解决柴油机极低温环境起动时，蓄电池放电能力不足的问题，通常采用低温蓄电池、起动电容、蓄电池加热保温等技术，提高蓄电池低温起动能力。本章主要介绍低温蓄电池技术、起动电容技术、蓄电池加热保温技术。

5.1　低温蓄电池技术

常规起动用蓄电池容量随环境温度的降低而下降，存在低温性能差（工作温度下限仅为−20℃）、功率低、需定期维护等问题，无法满足我国高寒地区柴油机的低温起动需求。而低温起动蓄电池则要求其不仅能够在低温（−45℃）环境下进行有效充放电，而且还要有大电流输出特性。因此，低温蓄电池技术水平提高对于寒区或高山地区柴油机起动具有非常重要的意义。

5.1.1　卷绕式铅酸蓄电池

20世纪80年代以来，卷绕式铅酸蓄电池一直以超级起动电流、强大的抗震能力，以及卓越的高低温性能和超强的循环使用寿命而受到广泛关注。西方少数发达国家首先将研发的卷绕式铅酸蓄电池产品应用于军事装备（装甲车、坦克和潜艇等），且蓄电池被子弹击穿后仍可以快速起动军事装备。美国从20世纪60年代开始研究卷绕式铅酸蓄电池，美国埃克塞德科技集团（Exide）开发的新型卷绕型铅酸蓄电池已经在美军主战坦克上试装，常规的起动电池有Excell、Classic、AGM、Premium四个系列，其冷起动电流（CCA）分别在330～

1400A、330～1200A、760～900A、300～900A之间。其中，AGM型电池主要用于微混动力汽车，能为蓄电池深循环放电提供最佳性能，具有优异的充电接受能力和荷电状态。BMW、奔驰、JEEP等高端车型一直以卷绕式蓄电池为标配。

为了满足部分寒冷地区以及特殊地理环境下的车辆起动，已有部分厂家着手低温起动铅酸蓄电池的开发。重点是对传统铅酸蓄电池进行改性，包括特制正极铅合金板栅（如提高板栅铅钙合金中的锡含量）及合理的板栅结构设计、新型电解液添加剂及电解液密度控制、优化负极材料及添加剂（如调节负极中的添加剂含量，有别于铅碳电池）等。

我国双登集团应用于工程机械、重卡、汽车、发电机组的起动型卷绕式铅酸蓄电池（25～100A·h），其性能指标：比功率为600W/kg，仅需普通电池50%的容量即可达到相同起动能力；－40℃条件下无需加热就可正常起动车辆；长达18万次的起动寿命；环境温度满足－45～75℃的范围。骆驼电池股份有限公司的6-FMJ-60型起动用卷绕蓄电池，性能指标：工作温度为－55～75℃；100%DOD（放电深度，表示电池放电量与电池额定容量的百分比）循环达到350次以上，50%DOD循环达到800～1500次，25%DOD循环达到4000次以上。风帆有限责任公司也推出了多种型号的低温型起动电池，其性能指标：－45℃条件下190H52型低温电池的冷起动电流（CCA）为624A，额定电压为12V；免维护或少维护。

（1）卷绕式铅酸蓄电池的结构

卷绕式铅酸蓄电池是一种性能良好、比能量高、安全可靠的铅酸蓄电池。卷绕式铅酸蓄电池结构如图5-1所示，其结构特点是采用很薄（通常为1mm左右）、柔软的铅箔或冲成网眼的栅箔作为极板的基片（板栅），然后涂上铅膏，形成正负极板。为克服机械强度减小的缺陷，将正极板、隔板、负极板交替叠放，并紧紧地卷绕成螺旋状的卷，放入圆筒状的电池槽中，并使用固态酸作为其电解液，电极板和固态酸捆绑并卷起来形成了独特的螺旋式卷绕结构，进而制成电池单体为圆柱形的卷绕式铅酸蓄电池。

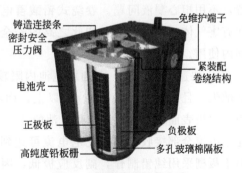

图5-1　卷绕式铅酸蓄电池

（2）优势

与普通阀控式密封铅酸蓄电池（平板电池）相比，卷绕式铅酸蓄电池采用了纯铅或铅锡合金作为板栅材料。与普通铅酸电池采用铅锑合金或铅钙合金相比，纯铅或铅锡合金较柔软，利于卷绕，且更耐腐蚀。此外，使用的极板很薄，每片极板有多个极耳，电极比表面积大，电流分布均匀，有利于提高活性物质利用率，且大电流充放电性能好。电极设计成卷绕结构，装配压力大，是阀控式铅酸蓄电池的2倍，消除了电极上活性物质的脱落现象，同时解决了电解液分层的问题。槽为圆柱形，电池的开阀压力大，正负极板间距小，有利于提高密封反应效率，失水速度小，且有优良的耐过充性能。上述特殊的工艺手段和先进的制造技术，使卷绕式铅酸蓄电池具有如下诸多优异性能：

① 卓越的高低温性能　卷绕式铅酸蓄电池拥有比普通蓄电池高2~3倍的电极表面积，极大地降低了内阻，使蓄电池在低温下也能进行正常充电，且低温下没有液态酸可以冰冻，因此也不存在输出电流随温度降低急剧减小的问题。高温下，冷轧纯铅板的高耐腐蚀性，以及圆柱形结构和高达50kPa的开阀压力可以避免严重失水和膨胀变形，确保电池有很长的使用寿命。根据美国SAE检测标准，卷绕蓄电池可在-55~75℃范围内安全快速起动和牵引汽车，而普通铅酸蓄电池的工作范围在-5~40℃，由此可见，相对我国南方炎热天气和北方寒冷气候，使用卷绕电池可以更加安全可靠。

② 大电流放电能力　卷绕式铅酸蓄电池由于采用薄板技术，电极表面积大，因而具有高倍率放电能力。与普通铅酸蓄电池相比，同种规格的卷绕式铅酸蓄电池起动功率要比普通电池高出4倍左右。

③ 安全系数极高　由于采用贫液设计，无游离电解液，电解液全部吸附在AGM隔板上，成为"固体电池"，因而在充放电、储存过程中可以任意方向放置，不用担心漏液问题。卷绕式铅酸蓄电池结构紧密、完全密封，不会产生任何有害气体，正因为具备如此之高的安全系数，因此可以在有人居住的封闭空间内使用。

④ 快速充电性能　普通蓄电池内阻较高，充电时一部分充电电流转化为热能散失，且充电时间一般在6h以上，而卷绕电池由于采用了超薄的卷绕式极板，电极表面积是普通铅酸蓄电池的2~3倍，所以其内阻极低，因此基本可将充电电流全部接收，最大充电电流可达到60A，一般充电时间在1h即可充满。由于板栅采用纯铅制作，副反应极低，因而可实现小电流充电，作太阳能储备电源时，阴雨天也可以达到90%以上的充电效率。

⑤ 超长的使用寿命　由于卷绕式铅酸蓄电池采用了薄板技术，活性铅表面积非常大，故其放电后的恢复能力也极强，C/5放电速率下，100%DOD可以达到350~400次，一般设计浮充寿命可以达到10年，在太阳能领域设计寿命10年。根据美国SAE标准，在J240测试中，卷绕式铅酸蓄电池起动次数在15000次以上，相比普通电池的2000~4000次，卷绕式铅酸蓄电池更显劲量十足的王者风范。

⑥ 优异的抗震性　普通蓄电池极板是悬挂在电解液中，震动中铅膏易脱落。而卷绕式铅酸蓄电池采用的是螺旋卷绕技术，装配压力高，且酸为固态酸，故抗震性能特别优越。根据美国 SAE 标准，卷绕蓄电池能耐 4g 震动 12h 以及 6g 震动 4h 后一点也不损伤。普通蓄电池最多能耐 4g 震动 4h 以及 6g 震动 1h。

颠簸和震动是导致蓄电池失效的主要原因之一。和普通蓄电池不一样，卷绕式铅酸蓄电池的储电介质为"固体"材料，另外采用了独特的"螺旋卷绕"技术来固定蓄电池内的组件，这是卷绕电池抗震抗摔性能比普通蓄电池高 15 倍的关键。在高强度震动测试环境下，卷绕电池的失效极限为 9000h，好一点的普通蓄电池在连续震动 1950h 后就会失效，而一般的蓄电池不到 300h 就完全失效。

5.1.2　铅碳电池

铅碳电池是一种电容型电池，由铅酸电池演化而来，其中，电池的负极用碳材料部分或全部替代，使其循环能力得到增强。利用碳材料的导电能力、电容性能和提供额外铅沉积位点等特点，提高铅活性物质的利用率，并能抑制硫酸铅结晶的长大，从而显著延长电池使用寿命。同时，碳材料的引入可发挥超级电容的瞬间大容量充电的优点，在高倍率充/放电期间起到缓冲器的作用，有效地保护负极板和缓解低温膨胀。因此，铅碳电池比传统铅酸电池拥有更好的低温起动能力和倍率性能。

（1）结构

铅碳电池是将具有双电层电容特性的碳材料（C）与海绵铅（Pb）负极进行合并制作成既有电容特性又有电池特性的铅碳双功能复合电极（简称铅碳电极），铅碳复合电极再与 PbO_2 正极匹配组装成铅碳电池。

铅碳电池将铅酸电池和超级电容器两者的技术融合，是一种既具有电容特性又具有电池特性的双功能储能电池。因此，铅碳电池既发挥了超级电容瞬间功率性大容量充电的优点，也发挥了铅酸电池的能量优势，1h 就可充满电，拥有很好的充放电性能。

（2）优势

铅碳电池是铅酸电池的创新技术，相比铅酸电池有着诸多优势。

① 正负极铅膏采用独特的配方和优化的固化工艺。正极活性物质抗软化能力强，深循环寿命好，活性物质利用率高；负极铅膏抗硫化能力强，容量衰减率低，低温起动性能好。

② 正极板栅采用新型特制合金和合理的结构设计，抗腐蚀性能好，电流分布合理，与活性物质结合紧密，大电流性能和充电接受能力强。

③ 采用新型电解液添加剂，电池的析氢、析氧过电位高，电池不易失水。

④ 当电池在频繁的瞬时大电流充放电工作时，主要由具有电容特性的炭材料释放或接收电流，抑制铅酸电池的"负极硫酸盐化"，有效地延长了电池使用寿命。

⑤ 当电池处于长时间小电流工作时，主要由海绵铅负极工作，持续提供能量。

⑥ 铅碳超级复合电极高碳含量的介入，使电极具有比传统铅酸电池更好的低温起动能力、充电接受能力和大电流充放电性能。

综上，铅碳电池主要优势：一是充电快，提高 8 倍充电速度；二是放电功率提高了 3 倍；三是循环寿命提高到 6 倍，循环充电次数达 2000 次；四是性价比高，比铅酸电池的售价有所提高，但循环使用的寿命大大提高了；五是使用安全稳定，可广泛地应用在各种新能源及节能领域。此外，铅碳电池也发挥了铅酸电池的比能量优势，且拥有非常好的充放电性能。而且由于加了碳（石墨烯），阻止了负极硫酸盐化现象，提高了电池的使用寿命。

军事科学院防化研究院从 2010 年开始就将研发的铅碳电池用于某型装备的起动，常温峰值比功率达到 1005W/kg，30s 恒功率放电比功率 805W/kg，常温恒功率放电比功率 700W/kg；−40℃可 10C（C 表示电池放电的倍率，1C 放电时电流是 1A；10C 为 10 倍率放电，电流是 10A）高倍率放电 30s 以上，−40℃下恒功率放电比功率 250W/kg；具有长寿命和免维护特性，过充或短路等误操作均没有安全问题，延续了传统铅酸电池高安全特性；质量和体积比现有电池降低了三分之一。

天能集团也推出了 TNC12 功率型铅碳电池，具有强耐腐蚀性和抗蠕变性，整个电池使用周期内集流体结构保持完整；60%DOD 深循环次数大于 3600 次，充电时间可缩短 30%，−20℃低温下容量比普通电池高近 30%。

5.1.3 锂离子电池

锂离子电池的发展可以取代部分特殊条件下使用的铅酸起动电池，在极端条件下，尤其是低温−40℃条件，发展铅酸电池以外的特殊用途起动电池是非常有必要的。

通常，适用于低温起动的锂离子电池正极材料可采用三元、磷酸铁锂、磷酸钒锂、锰酸锂等，负极材料采用钛酸锂、硬炭、石墨等，电解液采用聚合物电解液以及固态电解质等。目前，基于钛酸锂的低温起动电池产品比功率可以达到 3~10kW/kg，甚至更高，可循环 5000 次以上。广州基安比和福建卫东新能源公司分别推出了可在−40℃工作的聚合物锂离子电池和−30~55℃工作的低温锂离子电池。东莞市池能电子科技有限公司推出了额定容量为 990A·h，标准电压为 12V，适用于特种大型车辆起动的 CN-TL-90LFP-36 型锂电池（正极采用磷酸铁锂）。东莞钜大电子有限公司的低温锂离子电池采用 18650（18 表示直径为 18mm，65 表示长度为 65mm，0 表示为圆柱电池）结构设计，正极以三元材料为主，可以在 −20～40℃ 区间有效工作，循环 500 次的容量保持率为 70%；在 −40℃，0.2C 的放电容量为额定容量的 80%；在 −50℃，0.2C 放电容量达到额定容量的 50%，安全性满足 GB 31241—2014 规范要求。

国外也有相关机构和企业关注和研究基于锂离子电池的低温起动电池，并且这类企业多具有军方背景，可见低温条件下的起动电池研究对于军用装备的发展极其关键。如 Padre Electronics 公司推出可在 −50～60℃ 工作的高低温聚合物锂离子电池（型号：876190-3S），在电解液中添加了碳纤维材料（VGCF），并在正极中加入了 $(2000±500)m^2/g$ 的石墨作为导电添加剂。该公司的相关产品经常应用于军用装备、航天航空工业以及深潜水装备和极地科学研究等，尤其是在低温条件下的应用。针对不同的应用环境，他们有三款产品：民用低温电池（−20℃ 条件下 0.2C 的放电容量为额定容量 90%，−30℃ 条件下 0.2C 的放电容量为额定容量 85%，0.5C 的放电容量为额定容量 85%）、特种低温电池（−40℃ 条件下 0.2C 的放电容量为额定容量 80%，0.5C 的放电容量为额定容量 75%）、极冷低温电池（−50℃ 条件下 0.2C 的放电容量为额定容量 50%）。同时，该公司还推出了基于 $LiFePO_4$ 的起停电池，放电电流可以达到 30C，寿命是传统铅酸电池的 5 倍；在同等容量情况下，质量减轻约 30%；电池自放电率只有传统起动电池的 5%。其中 12.8V/14A·h 的 PMS12-14 型起动电池 CCA 可以达到 250A，质量只有 2.3kg。

5.2　起动电容技术

超级电容器是通过电极与电解质之间形成的双层界面来存储能量的新型元器件，其工作原理和结构性能介于传统电容器和电池之间，容量可达几百至上千法。与传统电容器相比，它具有较大的容量、比能量或能量密度，较宽的工作温度范围和极长的使用寿命；而与蓄电池相比，它又具有较高的比功率和低温环境下较好的放电能力，且对环境无污染。不过超级电容器的比能量比蓄电池低，不太适合作低温起动电池，难以实现多次起动。通常利用超级电容器模组与蓄电池并联来辅助柴油车辆起动，可以确保起动时提供足够的起动电流和有效起动次数，以改善柴油车辆的起动性能。同时，在此过程中也可避免铅酸蓄电池的过度放电现象，对蓄电池起动有很好的保护作用。

5.2.1 超级电容器的原理及特点

（1）超级电容器的结构与工作原理

超级电容器是一种电容量可达数千法［拉］的极大容量电容器。以美国库柏 Cooper 公司的超级电容为例，根据电容器的原理，电容量取决于电极间距离和电极表面积，为了得到如此大的电容量，要尽可能缩小超级电容器电极间距离、增加电极表面积，为此，采用双电层原理和活性炭多孔化电极。超级电容器的结构如图 5-2 所示。

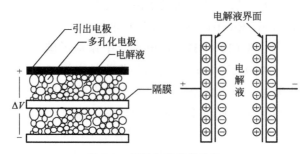

图 5-2 超级电容器的结构

双电层介质在电容器的两个电极上施加电压时，在靠近电极的电介质界面上产生与电极所携带的电荷极性相反的电荷并被束缚在介质界面上，形成事实上的电容器的两个电极。两个电极的距离非常小，只有几纳米，同时活性炭多孔化电极可以获得极大的电极表面积，可以达到 $200 m^2/g$。因而这种结构的超级电容器具有极大的电容量并可以存储很大的静电能量。就储能而言，超级电容器的这一特性介于传统电容器与电池之间。当两个电极板间电势低于电解液的氧化还原电极电位时，电解液界面上的电荷不会脱离电解液，超级电容器处在正常工作状态（通常在 3V 以下）；如果电容器两端电压超过电解液的氧化还原电极电位，那么电解液将分解，处于非正常状态。随着超级电容器的放电，正、负极板上的电荷被外电路泄放，电解液界面上的电荷相应减少。由此可以看出，超级电容器的充放电过程始终是物理过程，没有化学反应，与利用化学反应的蓄电池相比其性能是稳定的。

（2）超级电容器的主要特点

尽管超级电容器的能量密度是蓄电池的 5% 或更少，但是这种能量储存方式可以应用在传统蓄电池不足之处与短时高峰值电流中。与蓄电池相比，这种超级电容器具有以下几点优势：

一是电容量大。超级电容器采用活性炭粉与活性炭纤维作为可极化电极，与电解液接触的面积大大增加。根据电容量的计算公式,两个极板的表面积越大,电容量就越大,因此,一般双电层电容器容量易于超过 1F。它的出现使普通电容器的容量范围骤然跃升了 3～4 个数量级,目前单体超级电容器的最大电容量可达 5000F。

二是充放电寿命很长。超级电容器充放电可达 500000 次或 90000h,而蓄电池的充放电寿命很难超过 1000 次。

三是可以提供很高的放电电流。如 2700F 的超级电容器额定放电电流不低于 950A,放电峰值电流可达 1680A。一般蓄电池通常不能有如此高的放电电流,一些高放电电流的蓄电池,在如此高的放电电流下,使用寿命大大缩短。

四是充电时间短。起动电容可以在数十秒到数分钟内快速充电,而蓄电池在如此短的时间内充满电将是极危险或几乎不可能的。

五是工作温度范围广。起动电容可以在 −40～70℃ 很宽的温度范围内正常工作,而蓄电池很难在高温特别是在低温环境下工作。

六是安全性好。超级电容器的材料是安全和无毒的,而铅酸蓄电池、镍镉蓄电池均具有毒性,而且,超级电容器可以任意并联使用来增加电容量,若采取均压措施后,还可以串联使用。

5.2.2　超级电容器的匹配

(1) 超级电容器匹配方式

超级电容作为辅助起动电源,与起动蓄电池连接有 2 种方式:一是超级电容直接与起动蓄电池并联,另一种是超级电容通过双向 DC/DC 与起动蓄电池并联,如图 5-3 和图 5-4 所示。

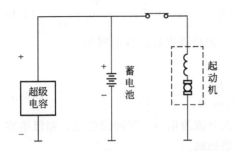 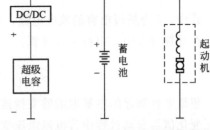

图 5-3　超级电容直接与起动蓄电池并联　　图 5-4　通过双向 DC/DC 与蓄电池并联

超级电容直接与起动蓄电池并联充当起动电源的优点是结构简单及成本低,可以直接对起动电源组进行充放电,起动蓄电池与超级电容都不会产生过放;超级电容通过双向 DC/DC 与起动蓄电池并联充当起动电源的特点是可以有效控制超级电容的充放电,但结构复杂,成本较高。

超级电容与蓄电池的两种并联形式，超级电容的等效串联电阻远小于蓄电池的内阻，所以起动电流中的大部分电流将由超级电容提供，蓄电池只需要提供小部分电流，避免了蓄电池的大倍率放电，使蓄电池的平稳电压得到有效提高，从而改善了柴油机的起动性能，提高了蓄电池的寿命。

（2）超级电容容量的选择

超级电容和蓄电池并联时，充满电的铅酸蓄电池，在温度为 20℃时的内阻可按下式近似计算：

$$R_0 = U_e/17.1C_{20} \tag{5-1}$$

式中，R_0 为铅酸蓄电池内阻，Ω；U_e 为蓄电池额定电压，V；C_{20} 为蓄电池的额定容量，A·h。

由于超级电容内阻远小于蓄电池的内阻，故并联超级电容后的蓄电池放电电流只占到总放电电流的很小部分。由欧姆定律可知：

$$i_1 = \frac{R_0}{R_0 + R_1}(i_0 + i_1) \tag{5-2}$$

式中，i_0 为蓄电池提供电流，A；i_1 为超级电容提供电流，A；R_1 为超级电容的等效内阻，Ω。

超级电容放电电流为蓄电池的 R_0/R_1 倍，占到总放电电流的 $R_0/(R_0+R_1)$。

超级电容容量可由下式计算：

$$C_2 = Q/\Delta U \tag{5-3}$$

式中，C_2 为超级电容容量，F；Q 为超级电容放出的电量，C；ΔU 为超级电容的电压变化值，V。

超级电容放出的电量可以由下式计算：

$$Q = \int i\, dt \tag{5-4}$$

式中，i 为超级电容的放电电流，A；t 为超级电容的放电时间，s。

在计算过程中，可按下式计算：

$$Q = \frac{P}{U} \times \frac{R_0}{R_0 + R_1}t \tag{5-5}$$

超级电容储存的电量取能够支持连续大电流放电 60s 时间的电量，超级电容电压变化值与起动过程中蓄电池电压变化值相同。

5.2.3 基于超级电容的低温起动系统设计

（1）基本原理

采用将超级电容直接并联到蓄电池两端的设计方案，通过放电时机控制，使其在柴油机最需要提高转速的时刻释放出来，满足柴油机从起动阶段向转速稳定阶段过渡过程对能量的需求，提高起动的成功率，改善柴油机冷起动性能。同时，为了提高超级电容储存的能量，采用了升高超级电容充电电压的模块，使得储存能量提高到原来的 2.25 倍，大幅度降低单位电量所需的超级电容质量和体积。系统原理框图如图 5-5 所示。

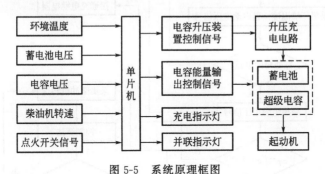

图 5-5　系统原理框图

　　系统控制流程如图 5-6 所示，实现对超级电容进行充电控制和放电控制。系统上电时，先检测环境温度和电容两端电压，判断是否需要辅助电源。如果需要，则先利用升压充电电路对电容进行充电，充电指示灯亮。当电容两端的电压达到预设的范围时，充电过程结束，充电指示灯灭，可以进入起动状态。在柴油机起动过程中，微控制器综合外界环境温度、发动机转速及起动时间等信息，通过控制算法，确定超级电容的放电时机。

　　（2）应用实例

　　十堰百业兴实业有限公司研制 Q450 型起动电容产品实物图及在车上的安装位置如图 5-7 所示。主要参数如下：

　　工作环境温度：$-41\sim85℃$；

　　工作环境湿度：$\leqslant90\%$；

　　工作电压范围：输入电压 $15\sim32V$；

　　超级电容器容量：$29.5\sim33F$；

　　超级电容器存储量：$\geqslant4.2W\cdot h$；

　　超级电容器电压保持能力：$\geqslant80\%$；

　　起动电容充满电时间：$\leqslant3min$；

　　起动电容总成最大放电电流：$\geqslant500A$；

　　超级电容器内阻：$25℃$常温下$\leqslant40m\Omega$，低温$-41℃$下$\leqslant50m\Omega$；

　　起动电容使用寿命：>5 万次；

　　起动电容总成质量：$\leqslant5kg$。

　　起动电容结构如图 5-8 所示。主要由超级电容器、ECU 控制器、继电器、

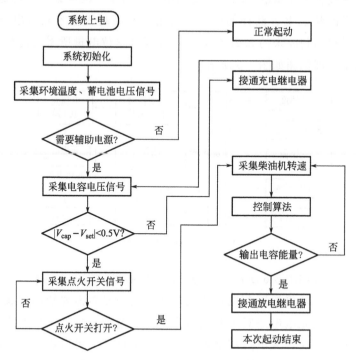

图 5-6　系统控制流程

图 5-7　起动电容产品实物图及在车上的安装位置

插头、控制线束、外壳等组成。起动电容的功用：一是提高车辆在－41℃低温环境工况下的起动能力；二是提高车辆蓄电池能量不足工况下的起动能力；三是能够有效地抑制并衰减车辆电源电路总线上产生的浪涌电压，改善整车电环境，提高电子产品的可靠性。同时，通过智能化设计，可以识别外部环境温度、蓄电池电量的充足与亏电，自动控制电容在延时放电时间、直接放电温度、与蓄电池直接并联三种工作状态的切换，从而实现低温辅助起动、亏电欠压起动和电磁兼容，保证电容始终处于最佳状态。

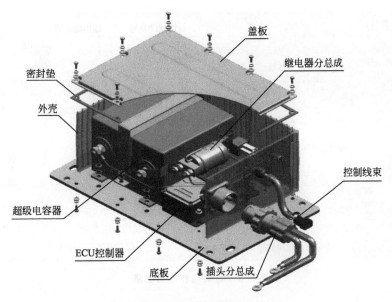

密封垫
外壳
超级电容器
ECU控制器
底板
插头分总成
盖板
继电器分总成
控制线束

图 5-8　起动电容结构图

起动电容低温辅助起动、蓄电池亏电状态下辅助起动的工作原理是由"起动电容内部控制模块"将蓄电池电能置换到"起动电容内部超级电容器"内，并通过控制模块将超级电容器电压升至 32V，蓄积足够的能量。超级电容器快速充满后（根据蓄电池亏电程度，充满需 1～3min），由超级电容器和蓄电池同时对起动机放电产生巨大的电流，从而起动汽车。起动电容控制电路如图 5-9所示。

使用起动电容辅助起动汽车起动操作步骤如下：

① 将汽车钥匙插入点火锁，并旋转在 ON 挡位置。

② 打开仪表盘上"电容充电"开关，请等待 1～3min，观察"电容充满"灯亮。

注意：打开充电开关后，保持钥匙在 ON 挡位置。

③ 等待"电容充满"灯亮起后，不关闭充电开关。应 30min 内起动车辆。

注意："电容充满"灯亮起超过 30min 如果没有起动车辆，充电开关将自动切断；若再次使用，请将充电开关关闭再打开，进行第二次充电，待"电容充满"灯亮起后 30min 内起动。

④ 起动车辆后及时关闭充电开关，起动电容断电保护时间为 30min。当"电容充满"灯亮起后未起动汽车，或者起动成功后忘记关闭开关，30min 后充电开关将自动切断。

各指示灯亮/灭状态对照表如表 5-1 所示。

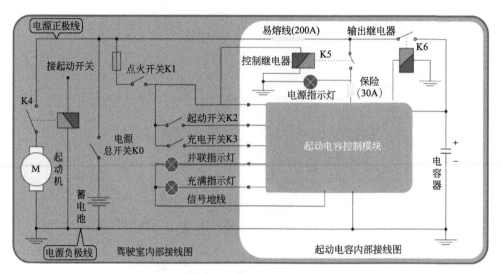

图 5-9 起动电容控制电路

表 5-1 各指示灯亮/灭状态对照表

信号挡	驾驶室内仪盘上		起动电容外壳上	说明
	电容并联灯	电容充满灯	电容指示灯	电源指示灯在电容产品外壳上,用来判断电容是否得电。电容并联和电容充满灯在汽车仪表盘上,驾驶员一般只需观察这2个灯的状态判断是否正常。正常行驶中,应关闭充电开关,2个灯熄灭状态。只有在使用电容辅助起动时打开充电开关。起动完成后应关闭开关。
OFF 挡	灭	灭	灭	
ON 挡	灭	灭	亮	
打开充电开关后	亮	3min 内亮	亮	
Start 挡	灭	灭	亮	
起动后回到 ON 挡	灭	灭	亮	

使用中常见故障、原因及解决方法如表 5-2 所示。

表 5-2 常见故障、原因及解决方法

	故障现象	原因分析	解决方法
1	ON 挡状态,打开充电开关后,电容并联指示灯不亮	控制线束接插件松脱	重新接插护套
		仪表盘并联 LED 指示灯烧毁	更换仪表盘指示灯
		起动电容总成损坏	更换起动电容总成
2	ON 挡状态,打开开关后,超过 3min 充满灯不亮	蓄电池是否严重亏电(低于 18V)	充电或更换蓄电池
		仪表盘充满 LED 指示灯烧毁	更换仪表盘指示灯
		起动电容内部控制器损坏	更换控制器分总成

续表

	故障现象	原因分析	解决方法
3	按正确操作,起动电容充满电后起动,车辆起动失败	如果第一次起动失败,可将充电开关关闭再打开,第二次充电,充满后起动。如果多次仍未起动,应检查车辆冷却液、进气、燃油供给是否有故障	
4	正常行驶中,仪表盘上电容并联指示灯亮	充电开关没有关闭	关闭充电开关
5	并联指示灯时而亮时而不亮的闪烁	接触不良、起动电容继电器故障	更换继电器
6	ON 挡状态,电源指示灯不亮	控制线束接插件松动	重新接插护套
		起动电容总成内部保险烧毁	更换保险

5.2.4　基于超级电容的车辆应急起动电源设计

（1）应急起动电源系统组成

基于超级电容的车辆应急起动电源系统如图 5-10 所示,主要由超级电容模组、DC-DC 变化器、微处理器及整流、斩波电路等组成。

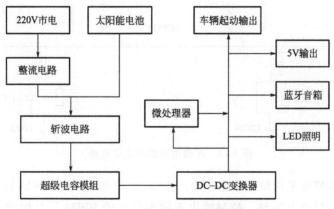

图 5-10　应急起动电源系统框图

超级电容模组的输出均由微处理器控制,通过 DC-DC 变换电路恒压输出 12V 直流电,为汽车起动提供能量,降压输出 5V 为蓝牙音箱、LED 照明、5V 输出等模块供电。该应急起动电源可以采用 220V 交流电通过整流电路、斩波电路变换为 16V 直流电给超级电容模组充电,也可以采用太阳能充电板,在野外无充电装置的条件下利用太阳能给超级电容充电,能够解决车辆意外熄火、低温无法起动等难题,可长期放在车辆后备厢中使用。

超级电容模组采用 6 支 3000F/2.7V 的超级电容串联，串联后的超级电容模组电压为 16.2V，容量为 500F，可提供 65610J 的能量。为避免不均压充电对超级电容造成损坏，超级电容模组外接一个均压电路。基于超级电容的快速充放电，具有比功率大、大电流放电等固有特性，基于超级电容的车辆应急起动电源，可在短时间内完成充电，并且使用寿命长，安全免维护。

（2）充放电电路

超级电容模组充电电路如图 5-11 所示。当超级电容模组电量低于 90% 时使用恒流充电，提高充电速度，电量达到 90% 时，转换为涓流充电，保护超级电容自身不被损坏。

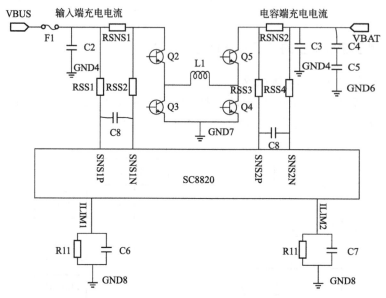

图 5-11 超级电容模组充电电路

超级电容模组采用恒压放电方式，使用 10~100kHz 的 PWM 信号对超级电容模组电压进行动态调整，控制输出不同占空比的 PWM 信号即能调节超级电容模组输出的电压。

当应急起动电源处于放电模式时（图 5-12），超级电容模组等效于一个电源，超级电容模组两端电压为 16.2V，通过调节 IGBT（绝缘栅双极型晶体管）的导通与关断频率控制输出电压恒定为 12V。IGBT 的作用相当于一个开关管，其导通和关断频率受脉冲信号控制。当开关管导通时，超级电容模组向负载供电，同时大电感 L 储存能量；当开关管关断时，电流经过 VD 续流二极管续流，电感 L 放电，如此周期性导通和关断。采样电阻采集输出端电压，脉冲信号根据反馈回的输出端电压动态调节开关管的导通时间，从而达到恒定输出 12V 电压的目的。

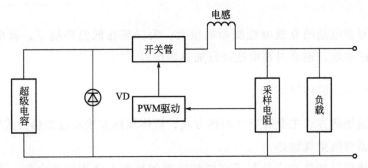

图 5-12　放电电路

（3）控制流程

基于超级电容的车辆应急起动电源控制流程如图 5-13 所示。电源起动后，系统默认工作方式为放电模式，放电模式下，可通过按键控制超级电容充放电、音箱以及 LED 照明的开启与关闭，并通过 TFTLCD 屏幕显示相应数据以及各辅助功能的工作状态。当检测到超级电容模组电压低于 6V 时，显示屏显示低电量，音箱提示充电，单片机主动切换为充电模式，并切断其它模块的电源。

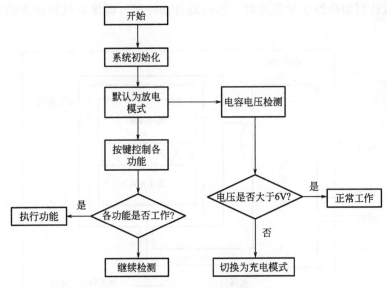

图 5-13　主程序流程图

5.3 蓄电池加热保温技术

温度对蓄电池的充放电性能影响很大，为保证在低温环境下，蓄电池能够提供足够的电量，通常对蓄电池进行加热和保温。

5.3.1 蓄电池加热技术

蓄电池加热方式主要有空气加热方式、液体加热方式和电加热方式等。

（1）蓄电池空气加热

蓄电池空气加热方式是利用空气加热器加热蓄电池周围的空气，并强制其循环，进而实现加热蓄电池电解液的目的。

① 蓄电池空气加热原理　蓄电池空气加热原理如图 5-14 所示。蓄电池加热开始，空气加热器从车辆燃油箱中吸油，开始燃烧，此时，加热器进风口 B 关闭，进风口 A 与蓄电池箱相通。空气被加热后，加热器鼓风机经出风口将热空气鼓入蓄电池箱。蓄电池周围空气通过被空气加热器吸入—加热—鼓入蓄电池箱的循环流动，使蓄电池 A、蓄电池 B 周围的空气不断得到加热。当加热器出风口温度接近设定温度时，调节空气加热器进风口 B 风门开度，直至加热器出风口温度稳定至设定温度。若进风口 B 风门温度调节失效，则当空气加热器出风口温度达到加热器保护温度时，加热器自动停机，确保空气加热器的工作安全性。

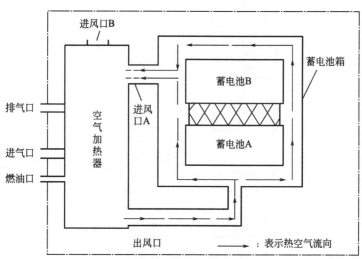

图 5-14　蓄电池空气加热原理图

　　② 蓄电池周围空气流场分析　蓄电池空气加热时，蓄电池箱内部的空气动力学特性直接影响着蓄电池的加热效果。通过蓄电池周围空气流场分析，可以了解蓄电池箱内部空气的流动状况和蓄电池空气加热系统加热效果。

　　图 5-15 为某越野车辆蓄电池箱内部计算模型。蓄电池箱内部计算模型主要包括 2 块蓄电池、蓄电池间塑料隔板、内部支架、箱体内部空气层等。

图 5-15　蓄电池箱体内部计算模型

　　蓄电池加热系统边界条件见表 5-3 和图 5-16。环境温度（初始温度）$-41℃$，燃油空气加热器流量 185kg/h（无反向压力），空气加热器燃烧 10min 出风口温度由$-41℃$上升至 90℃。为便于观察蓄电池的温度变化，时间格式选择隐式非稳态（implicit unsteady），湍流模型选取 Realizable K-Epsilon 模型。

表 5-3　边界条件

环境温度/℃	入口流量/(m³/h)	壁面	入口温度/℃
-41	118	无滑移动边界	0～10min：-41 ± 0.218 10～30min：90

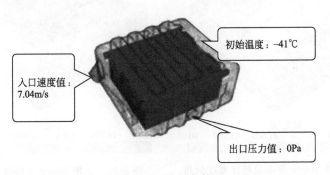

初始温度：$-41℃$

入口速度值：7.04m/s

出口压力值：0Pa

图 5-16　边界条件

　　蓄电池箱内部流线图（图 5-17）和蓄电池壁面流线图（图 5-18）表明，蓄电池箱内部及蓄电池壁面流线分布较均匀，箱体进风口和出风口处空气流速最快，远离进风口、出风口处的空气流速较慢。

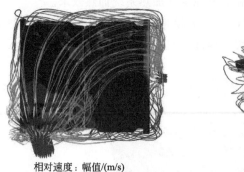

相对速度：幅值/(m/s)
0.00000 1.2000 2.4000 3.6000 4.8000 6.0000

图 5-17　蓄电池箱内部流线图

相对速度：幅值/(m/s)
0.00000 1.2000 2.4000 3.6000 4.8000 6.0000

图 5-18　蓄电池壁面流线图

加热 30min 蓄电池壁面及电解液温度分布（图 5-19 和图 5-20）表明，在蓄电池被加热 30min 后，蓄电池壁面温度相比加热前升高显著，入口对面受到暖风的直接冲击温度最高；远离入口的上方区域温度变化较慢。随着蓄电池空气加热器的持续加热，蓄电池表面温度增加，内部电解液的温度随之上升。加热 30min 时，不考虑极板、隔板等内部结构对温升的影响，电解液平均温度为 $-34.47℃$，温度较初始状态上升 $6.53℃$。铅酸蓄电池正负极板活性物质为 PbO_2 和 Pb，其热导率远高于电解液。蓄电池栅架更有利于热量在电解液内部的传递。因此，蓄电池电解液 30min 的实际温升应高于 $6.53℃$。

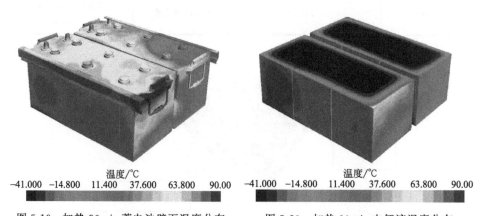

温度/℃
−41.000　−14.800　11.400　37.600　63.800　90.00

图 5-19　加热 30min 蓄电池壁面温度分布

温度/℃
−41.000　−14.800　11.400　37.600　63.800　90.00

图 5-20　加热 30min 电解液温度分布

某蓄电池空气加热箱内蓄电池各单格电解液温度测试值如表 5-4 所示。试验环境温度为 $-41℃±2℃$，2 只试验蓄电池电压分别为 12.73V 和 12.74V。蓄电池加热开始，起动空气加热器，每 3min 记录一次蓄电池电解液温度。蓄电池各测点温度传感器布置如图 5-21 所示。从温度测试值可以看出，靠近蓄电池箱暖风进风口的 E 测试点电解液温度上升最快，靠近蓄电池箱中部的 C 测试点，其温度上升最慢。

表 5-4　电解液温度测试值

时间/min	温度/℃					
	A	B	C	D	E	F
0	−41.9	−40.8	−42.3	−41	−40.7	−40.2
3	−41.9	−40.8	−42.3	−41.2	−40.8	−40.4
6	−41.7	−39.9	−42.3	−41.1	−39.9	−39.9
9	−41	−37.5	−42.2	−40.9	−37.8	−38.7
12	−39.8	−39.8	−41.9	−39.1	−32.5	−36.5
15	−37.3	−37.3	−40.6	−35.6	−25.3	−32
18	−34.6	−34.6	−38.2	−32.1	−19.2	−27.3
21	−31.4	−31.4	−35.9	−29.1	−14.6	−23.5
24	−28.5	−28.5	−33.9	−26.5	−10.9	−20.3
27	−26	−26	−32.3	−24.3	−7.8	−17.7
30	−23.8	−23.8	−30.8	−22.2	−5.2	−15.4
温升值	18.1	17	11.5	18.8	35.5	24.8

③ 蓄电池空气加热高原高寒地域应用实例　某重型车辆蓄电池空气加热保温装置如图 5-22 所示。主要由空气加热系统和蓄电池保温箱组成。其中，空气加热系统由空气加热器、控制器、送风管路等组成；蓄电池加热保温箱由保温箱体、加热风道和蓄电池固定托架等组成。

工作时，将蓄电池安装在保温箱内，利用空气加热器加热空气，热空气在风机的带动下进入保温箱内，通过加热风道对蓄电池进行加热保温，风道内安装有温度传感器，控制器采集传感器数据控制进气量及加热功率。

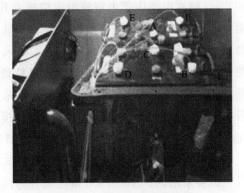

图 5-21　温度传感器布置图

该装置设计了两种工作模式：快速起动加热模式和保温加热模式。在快速起动加热模式下，加热器功率设计高，可对箱内的蓄电池进行快速加热（约

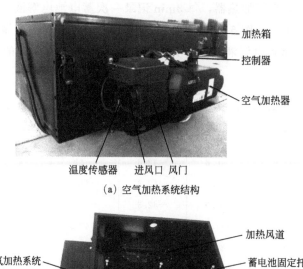

（a）空气加热系统结构

（b）保温箱体结构

图 5-22　蓄电池加热保温装置结构

90℃），使蓄电池内部电解液温度快速上升，从而快速恢复蓄电池的容量和放电能力，保证低温环境下柴油机的顺利起动，加热时间设计在 30min 之内。在保温加热模式下，加热器低功率运行，出风温度较低（约 50℃），可以持续加热，使蓄电池内部温度从低温状态逐渐恢复到常温状态，恢复蓄电池原有的额定容量。这样，在高原高寒环境中，可以先采用快速起动加热模式起动柴油机，而后在车辆行驶过程中，切换至保温加热模式，维持蓄电池温度，提高蓄电池的充电接受能力，为蓄电池下一次的使用储备充足的电量。

　　根据高原高寒地域极端最低温度，试验温度选择 $-25℃$ 和 $-41℃$ 两个温度点。试验采用四只 180A·h 蓄电池分为两组，并连接负载，如图 5-23 所示，燃油暖风机型号 FJH-7D、功率为 7kW、功耗为 200W。

　　图 5-24 和图 5-25 为不同温度下，使用加热装置和不使用加热装置的两组蓄电池的放电量情况。

　　在环境温度为 $-25℃$ 和 $-41℃$ 条件下，未采用蓄电池加热装置的蓄电池组电量耗尽时间分别为 6h25min 和 4h20min，整个放电过程蓄电池平均电压分别为 21.8V 和 22.5V，平均电流分别为 14.2A 和 14.6A；采用蓄电池加热装置的

图 5-23　试验分组及连接情况

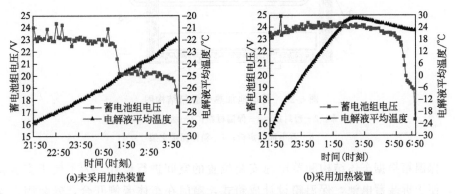

图 5-24　－25℃条件下两组蓄电池电压和电解液平均温度变化曲线

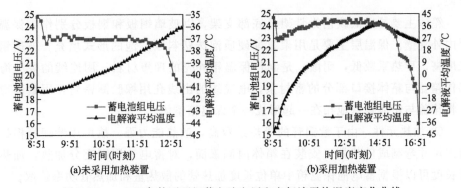

图 5-25　－41℃条件下两组蓄电池电压和电解液平均温度变化曲线

蓄电池组电量耗尽时间分别为 9h15min 和 8h5min，整个放电过程蓄电池平均电压为 23.4V 和 23.5V，平均电流为 16.3A 和 16.4A。在－25℃和－41℃环境下采用加热装置的蓄电池组比放电容量分别增加约 65％和 110％，分别达到常温状态下额定放电容量的 84％和 74％。

（2）蓄电池液体加热

蓄电池液体加热方式是利用燃油加热器将柴油机冷却液加热形成的热流体对蓄电池进行加热，然后通过保温箱体的保温功能对加热的蓄电池进行保温，使蓄电池输出功率满足起动系统的需要。

① 蓄电池加热保温箱　蓄电池加热保温箱由箱盖、箱体、加热管、密封条、紧固螺栓及蓄电池固定装置等组成，图 5-26 为蓄电池保温箱的结构图。

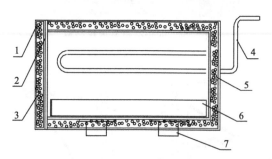

图 5-26　蓄电池加热保温箱结构图

1—箱盖；2—密封条；3—保温材料；4—加热管；5—箱体；

6—蓄电池固定板；7—箱体固定支架

保温箱根据车体结构和蓄电池安装位置的空间进行设计。为了便于安装箱体，便于拆装蓄电池，保温箱设计成箱式，箱门在车体旁侧开合，安装固定支架参考原车装蓄电池托架配套设计，可与原车蓄电池安装托架互换安装，拆装方便。

箱体主要是以低碳钢为骨架及底部支架，以玻璃钢板和钢板分别作为保温层内外夹壁。保温层主要是用聚氨酯硬质泡沫塑料以发泡的形式填充。玻璃钢强度高，导热系数低，耐酸，是制作保温箱外壳的理想材料。用连续的橡胶海绵作箱盖与箱体接口部分的密封条，电缆线的出线孔用橡胶圈密封，用紧固螺栓将箱盖与箱体紧紧地扣在一起形成一个保温箱整体。

② 加热元件　由于紫铜管的导热系数高，散热能力强，故可用紫铜管根据箱内尺寸弯制成散热器，安装在箱体内侧三面，对蓄电池周围充分加热。加热管长度可以根据蓄电池保温箱中单位长度加热管的散热量和加热管功率选取。

加热管功率可由式（5-6）计算。

$$\Delta t_{升} = \frac{0.24 \times P \times 0.36 - K \times F(t_{箱} - t_{环})}{C_{相}} \qquad (5\text{-}6)$$

式中，$\Delta t_{升}$ 为升温率，℃/h；P 为加热管的功率，W；K 为传热系数，kcal/（℃·m²·h），一般 $K = 0.55 \sim 0.8$ kcal/（℃·m²·h）；F 为保温箱的表面积，m²；$t_{箱}$ 为保温箱内空气的平均温度，℃，在加热过程中，$t_{箱}$ 比电解液温度高 2～

$3℃；t_环$为环境温度，℃；$C_相$为相当比热容，kcal/℃。$C_相$可由式（5-7）计算。

$$C_相 = C'_相 \times \frac{A_h}{100} \times n \tag{5-7}$$

式中，$C'_相 = 1.9 \sim 2.2$kcal/℃；A_h 为蓄电池的容量；n 为蓄电池的单格数（1cal=4.18J）。

（3）蓄电池电加热

车用蓄电池用的恒温加热保温箱是专为使蓄电池在低温条件下使用的一种专用装置。它是一种由复合 PTC 加热元件的封闭式加热板、电子温度控制部分构成的车用蓄电池恒温加热保温箱，如图 5-27 所示。

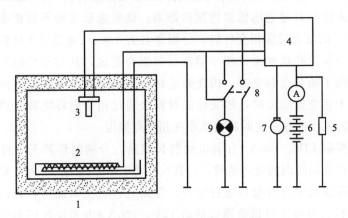

图 5-27　蓄电池电加热结构示意图
1—保温箱；2—加热板；3—感温塞；4—控制器；5—负载；
6—蓄电池；7—发电机；8—开关；9—指示灯

其工作原理是将蓄电池放置在全封闭式加热板上，蓄电池、加热板设置在保温箱内、其保温箱通过固定架固定在车上。加热板内有 PTC 恒温加热元件，而保温箱的电子温控部分由感温塞和双向晶闸管组成，感温塞位于箱内蓄电池上，感温塞的壳内装有 PTC 温度传感器。通过 PTC 恒温加热元件加热蓄电池，使汽车在低温下仍易起动。

5.3.2　蓄电池保温技术

随着我国新能源产业的不断发展，铅酸蓄电池在新能源储能、新能源动力等领域的应用越来越广泛，而其低温性能不良的缺点使其应用受到了一定的限制。特别是在东北寒冷地区、西北部高海拔地区，这些地区的冬季低温一般都在−20℃以下，有的地区极限低温甚至可以达到−40℃。在这种环境下，蓄电池的容量和循环寿命必定会受到很大的影响。利用具有良好吸热保温特性的相变储能材料，吸收蓄电池充放电过程中产生的热量，可有效提高蓄电池低温性能。

相变储能材料可以利用材料在相变时吸热或放热来储能或释放能量，具有储能密度高、体积小巧、相变温度选择范围宽、易于控制等优点。相变储能材料按其组成成分可分为无机类、有机类及复合类储能材料。近年来，相变储能材料在航空航天、采暖和空调、医学工程、军事工程、蓄热建筑和极端环境服装等众多领域的应用成为了研究热点。

（1）相变储能材料的选取与应用

江苏华富储能新技术股份有限公司研究了相变储能材料（PCESMs）在蓄电池中的应用方法和对蓄电池低温性能的影响。试验选取三种不同相变点（0℃、10℃和20℃）的复合储能相变材料，分别命名为1♯、2♯及3♯材料。三种相变储能材料由多种有机和无机相变储能材料组合而成，具有相变储能特性，即当环境温度高于相变点温度时，相变储能材料会通过相变吸收环境的热量；当环境温度低于相变点温度时，相变储能材料会通过相变向环境释放热量，从而使相变材料的温度能在一定时间内维系在相变点温度。

首先，根据12V、100A·h蓄电池的长宽高，分别制作若干个可以贴合并覆盖电池垂直方向四面的复合薄膜袋；其次，将1♯、2♯及3♯相变储能材料分别装入复合薄膜袋中并对袋口进行密封，得到三种相变储能材料袋；最后，将相变储能材料袋包覆于容量检测合格的12V、100A·h蓄电池四面后，再装入厚度为8mm的PU泡沫箱体中，得到包覆相变储能材料的三种蓄电池样品（如图5-28所示），分别命名为1♯材料电池、2♯材料电池和3♯材料电池。

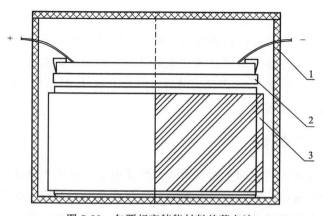

图 5-28　包覆相变储能材料的蓄电池

1—PU泡沫箱；2—12V、100A·h蓄电池；3—复合相变储能材料袋

（2）性能测试

五种样品电池如表 5-5 所示，前三种样品电池分别使用了相变点不同的相变储能材料及 PU 泡沫箱；第四种样品电池没有使用相变储能材料，但放置于 PU 泡沫箱中；第五种样品电池既没有使用相变储能材料，也没有使用泡沫箱。

表 5-5　五种样品电池

样品电池序号	相变储能材料	相变点/℃	PU 泡沫箱
1	使用	0	使用
2	使用	10	使用
3	使用	20	使用
4	不使用	—	使用
5	不使用	—	不使用

样品电池容量测试方法如表 5-6 所示。其中第二阶段～第七阶段的充放电条件除温度外，完全相同，即以 14.4V 限流 25A 的充电条件对样品电池充电 13h，静置 2h 后以 10A 的电流放电至电池电压 10.8V。

表 5-6　样品电池的容量测试方法

阶段	静置	充电	静置	放电
1	常温充放	25℃,24h	—	—	10A,至 10.8V
2	常充低放	25℃,2h	25℃,14.4V 恒压限流 25A,13h	-20℃,24h	-20℃,10A,至 10.8V
3	-20℃充放	-20℃,2h	-20℃,14.4V 恒压限流 25A,13h	-20℃,2h	-20℃,10A,至 10.8V
4	-10℃充放	-10℃,24h	-10℃,14.4V 恒压限流 25A,13h	-10℃,2h	-10℃,10A,至 10.8V
5	0℃充放	0℃,24h	0℃,14.4V 恒压限流 25A,13h	0℃,2h	0℃,10A,至 10.8V
6	10℃充放	10℃,24h	10℃,14.4V 恒压限流 25A,13h	10℃,2h	10℃,10A,至 10.8V
7	25℃充放	25℃,24h	25℃,14.4V 恒压限流 25A,13h	25℃,2h	25℃,10A,至 10.8V

图 5-29 为五种样品 7 个测试阶段的试验结果。由此可以看出，在常温充放电（阶段 1）的条件下，使用了相变储能材料的蓄电池（样品 1、2 和 3）与常规蓄电池（样品 5）及只使用 PU（聚氨酯）泡沫箱的蓄电池（样品 4）相比，容量差别不大，五种电池样品的容量均高于标称容量 100A·h，低于 110A·h；然而，在 0℃ 及以下的低温条件下（阶段 2～5），使用了相变储能材料的三种蓄

电池，其容量明显高于其它两种未使用相变材料的蓄电池，这说明相变储能材料的使用可有效提升蓄电池在低温环境下的放电容量；当温度进一步升高至0℃以上时（阶段6及阶段7），五种电池样品的容量又有了明显的回升，其中前四种样品电池在阶段7的容量基本回升到了阶段1的常温容量值，而样品4在阶段7的容量回升情况与另外四种电池相比略低。这有可能是因为只使用了PU泡沫箱的话，会影响蓄电池在温度升高过程中的热交换，从而影响了蓄电池容量回升的速度。

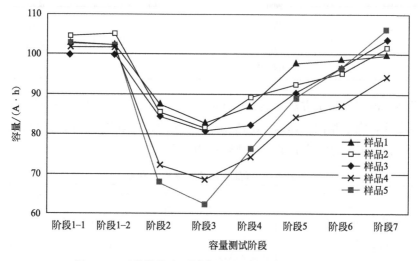

图 5-29   五种样品在不同容量测试阶段下的放电容量

由图5-30样品1及普通电池在−28℃低温环境下循环测试结果可以看出，蓄电池的容量会随着循环次数的增加而逐步降低。对于普通电池来说，其第1次循环的相对容量为53%，第2次循环容量下降至45%，随后逐渐小幅回升，在第6次循环时达到50%，第6次循环之后又逐渐降低，在第76次循环时，容量迅速从40%降低到35%，此后（到第112次）容量相对平稳。而使用了相变储能材料的样品电池，其第1次循环的相对容量为75%，比普通电池高出了22%，是普通电池相对容量的1.42倍；在第7次循环时下降到了60%，并一直维持该容量至第12个循环，此后容量逐步降低；在第112次循环的相对容量为42%，比普通电池高出了8%，是普通电池相对容量的1.23倍。

综上，将相变储能材料应用于铅酸蓄电池，可将蓄电池在充放电过程中产生的热量保存起来，从而提升蓄电池在低温环境下的局部温度，有效提升蓄电池的放电容量和循环性能。同时，使用相变储能材料在常温条件下对铅酸蓄电池的容量没有明显的影响，因此不会干扰常温环境下蓄电池的使用。将相变储

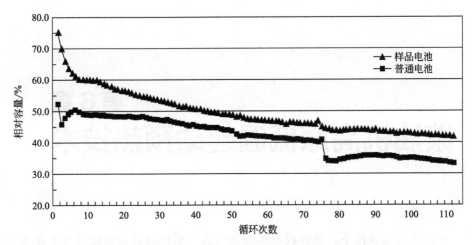

图 5-30　两种电池在−28℃环境下循环次数与相对容量的关系

能材料应用于蓄电池中，不需额外耗能即可明显提升铅酸蓄电池的低温性能，这种化学储能和物理储能相结合的应用方式在拓展蓄电池应用范围、提升蓄电池性能方面具有重要的作用。

参考文献

[1] 戴增实 . 浅谈卷绕式铅酸蓄电池 [J]. 汽车电子电器，2018，5：48-50.

[2] 明海，刘巍，周洪，等 . 军用低温起动电池发展研判 [J]. 电源技术，2020，44（4）：631-635.

[3] 王鑫 . 超级电容器在汽车启动中的应用 [J]. 国外电子元器件，2006，5；57-59.

[4] 张炳力，徐德胜，金朝勇，等 . 超级电容在汽车发动机起动系统中的应用研究 [J]. 合肥工业大学学报（自然科学版），2009，32（l）：1648-1651.

[5] 范刚，朱云江 . 基于超级电容的汽车冷起动辅助电源系统研究 [J]. 汽车电器，2010，12：1-3，9.

[6] 牛瑞，李杰 . 基于超级电容的汽车应急启动电源设计 [J]. 世界电子，2020，10：134-135.

[7] 刘保国，黄茂，虎忠，等 . 汽车铅酸蓄电池低温加热技术研究 [J]. 汽车电器，2018，4：34-37.

[8] 刘炳均，岳巍强，王朔，等 . 高原高寒地域中重型车辆蓄电池加热起动辅助装置研究 [J]. 装备环境工程，2017，14（8）：47-51.

[9] 王峰 . 机动车上蓄电池用的恒温加热保温 [J]. 汽车工程，1996，4；41-43.

[10] 吴战宇，董志成，顾立贞，等 . 低温环境下相变储能材料在蓄电池中的应用 [J]. 电池工业，2017，21（2）：30-35.

第 6 章
柴油机高原低温起动预热技术

在高原低温条件下，柴油机可燃混合气达不到压燃着火温度和压力是造成起动困难的重要原因之一，所以必须对柴油机进行充分的预热。同时，柴油机在热态条件下起动也是减小低温起动磨损的基本方法。为使柴油机在高原低温环境条件下顺利起动，需对柴油机的进气、冷却液、燃油、燃烧室及润滑油等进行预热。本章主要介绍柴油机高原低温起动进气预热技术、冷却液预热技术、燃油预热技术和燃烧室预热技术。

6.1 柴油机进气预热技术

柴油机进气预热是对进入汽缸内的空气进行加热，以提高进气终了温度，促进燃烧室内可燃混合气的形成，改善燃烧条件，提升柴油机低温起动性能。目前，常用的进气预热方式主要有 PTC 进气预热、火焰式进气预热和电阻式进气预热等。

6.1.1 PTC 进气预热

PTC（positive temperature coefficient）材料是具有正温度系数效应的热敏材料。如图 6-1 所示，当温度较低时，材料的电阻值在一定的范围内基本保持不变，而当温度达到某个特定值时，其电阻值随着温度的升高而突然升高，通常在一个很小的温度范围内（几摄氏度到十几摄氏度）迅速增大到原来的 $10^3 \sim 10^5$ 倍，此特定温度被称为居里温度。PTC 加热

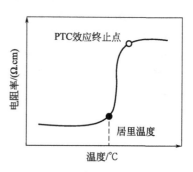

图 6-1　PTC 材料性质示意图

元件具有热阻小、换热效率高的优点，是一种自动恒温、省电的电加热元件，在各行业得到广泛应用。

（1）PTC 进气预热装置组成及结构特点

PTC 陶瓷进气预热装置是采用正温度系数的热敏陶瓷作为加热体的装置，以储热热交换方式工作，其结构为同心分布多级散热片形式，如图 6-2 所示。正温度系数的 PTC 电热陶瓷材料属于铁钛酸钡类半导体，其电阻值可随温度变化而改变，使加热器的电流发生变化，加热温度得到自动控制。当外界温度为 20℃时，其电阻仅为 0.2～0.4Ω。电路一接通，即柴油机起动开关一打开，瞬时加热电流很大，温度迅速升高，1min 即可达到 60～80℃，3min 内即可达到 200℃。此时，电阻值趋向无穷大，电流趋于零，加热体温度不再升高，电路几乎切断，从而达到自动控温的效果。

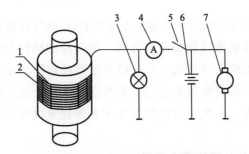

图 6-2　PTC 进气预热装置示意图

1—PTC 电热元件；2—隔热层；3—指示灯；4—电流表；5—加热开关；6—蓄电池；7—发电机

康明斯 6BT 柴油机安装了北京天启星新技术发展公司生产的 K-06C 型 PTC 电热陶瓷进气预热装置，在 -48.9～-46.2℃的进气及环境温度下，柴油机各部分温度、蓄电池电解液温度均达到试验温度 -45℃时，使用"风帆牌"680 25D 型蓄电池可使柴油机顺利起动。

柴油机起动前 6～8min（在 -41℃左右的极低温度下，可延长至 10min）用小电流将 PTC 预热器储能体加热到设定温度。将点火开关转到"ON"挡位，拉出气门手柄，按下预热开关，此时绿色指示灯亮，PTC 进气预热装置预热开始；预热时间结束时，绿色指示灯闪烁，同时蜂鸣器鸣叫，这时可起动柴油机。储能体作为热源给进入缸内的空气提供热量，发热功率与风速基本成正比，与环境温度基本成反比。

PTC 陶瓷预热装置适用于各种以柴油机为动力的汽车和工程机械，与常用的火焰式进气预热装置、电阻式进气预热装置相比，具有结构紧凑、热量集中、热效率高、功耗低、自动恒温、可靠性高、发热体不氧化、寿命长、故障率低、适用温度范围广、配套控制器具有声光显示等多项优点，使操作十分简便，配装各种柴油机无须改动原机零部件，安装便利。

表 6-1 为 PTC 陶瓷进气预热装置与典型柴油机配置情况。

表 6-1　PTC 陶瓷进气预热装置与典型柴油机配置情况表

柴油机型号	蓄电池/(A·h)	起动机功率/kW	冷起动装置型号	低温起动性能指标要求
6BT5.9	2×180D	4.5	K-06	可在-40℃环境下起动
	2×180		K-06C	
CA6110/125Z1A2	2×180	5	K-08	-30℃情况下可顺利起动
CA6110ZLRA5-20	2×180	5	K-08	-30℃情况下可顺利起动
6CT8.3	2×180	7.4	K-08	-30℃情况下可顺利起动

（2）应用实例

EQ1118GA 载货车 6BT5.9 柴油机上安装 PTC 进气预热装置。PTC 预热器安装在增压器压气机至进气管盖总成之间，气门控制机构的气门控制拉线总成装配在驾驶室左仪表框下梁总成上，拉线通过驾驶前围固定在预热装置拉线支架上，气门拉杆装配在预热装置上，一端与拉线支架上的拉线连接，预热装置开关装在保险盒左边，预热时间控制器装配在驾驶室电气安装板上，预热继电器装配在车架左侧。

① PTC 进气预热装置的基本性能：

适用温度：-41～5℃；

预热时间：4～8min；

加热方式：电加热；

气门控制：手动拉线机构；

发热元件：PTC 陶瓷；

转换效率：>80%；

温度控制：自动恒温；

工作方式：断续。

② PTC 进气预热装置基本参数：

额定工作电压：24V；

工作电压范围：22～30V；

额定功率：>960W；

恒温功率：<280W；

峰值电流：60～75A；

恒温电流：<10A。

③ 预热装置气门控制机构的作用与调整。预热器气门控制机构的作用是控制进入柴油机进气歧管的空气，提高预热效果。调整的目的是使进气预热器中的风门能按工作需要关闭或打开。如果使用不当或调整不当，都能造成预热效果不良，或柴油机动力下降等人为故障。

调整方法：将气门手柄推到底，把拉线与气门拉杆连接，并固定在拉线支架上，用拉线固定螺母，调整拉线长短至拉出气门手柄，行程为 25mm 时为最佳行程。注意拉线固定螺母锁紧，不然会造成气门拉杆行程改变，甚至造成气门控制系统失效。

④ 预热系统电路。预热系统电路如图 6-3 所示，主要由预热器保险、预热开关、预热时间控制器、预热指示灯、预热继电器和 PTC 预热器组成，作用是将电能转变为热能，达到对进气预热的目的。

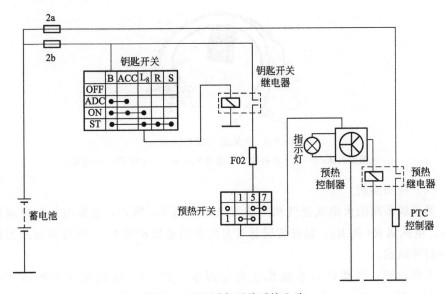

图 6-3　PTC 进气预热系统电路

将点火开关转到"ON"挡位，拉出气门手柄，按下预热开关，此时绿色指示灯亮，PTC 进气预热器预热开始。预热时间设定 6min，预热结束时，开关上的绿色指示灯闪烁，同时蜂鸣器报警。这时可以起动柴油机了，柴油机起动后应及时将预热开关关闭，并推回气门手柄。预热器断电保护时间设定为 12min，当预热时间结束，柴油机起动不成功或起动后未关闭预热器达 12min 时，预热器电源自动切断，蜂鸣器停止鸣叫，绿色指示灯由闪烁变为常亮，指示驾驶员关闭预热器开关。

6.1.2 火焰式进气预热

火焰式进气预热装置是通过预热塞（燃烧器）使柴油在进气管内燃烧，形成火焰加热进气的辅助装置。

（1）结构特点

它由预热塞、供油系统及控制器等组成，如图 6-4 所示。火焰进气预热装置消耗的电能相对较少，加热温度高，但由于它消耗一部分氧气而产生部分废气，导致功率损失，因此需对供油量进行精确控制和调节，避免耗氧量过多和废气过多。一个功率为 200～250W 的火焰预热塞，起动一次耗电量约 0.35～0.45A·h，它相对于电热型进气预热器来说耗电量很小，当环境温度为 −20℃ 时，各汽缸进气温度能达到 140℃ 左右。

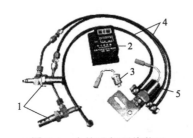

图 6-4　火焰进气预热装置

1—火焰预热塞；2—电子控制器；3—温度传感器；4—燃油管；5—电磁阀

（2）应用实例

某车辆采用的火焰式进气预热装置电路如图 6-5 所示，主要由预热控制器 A24、电热塞 R4 和 R5、温度传感器（安装在柴油机水道上）、电磁阀以及预热指示灯等组成。

工作过程：当柴油机水温低于规定温度（23℃），将钥匙开关旋到"预热"位置时，"START"信号灯点亮，控制器内的继电器触点闭合，控制装置将进气管中的加热器 R4、R5 接通，开始向电热塞供电，加热的时间依据不同的温度随机设定；当电热塞的发热体温度达到 850～900℃ 时，供电转换为断续状态，"START"信号灯闪亮，此时起动柴油机，电磁阀吸合，接通油路，燃油通过油管进入电热塞，经雾化腔雾化后由发热体点燃，形成火炬，加热进气道里的空气，使柴油机易于起动；若在 30s 内不起动柴油机，电路自动停止工作。如果在电热塞处于加热阶段（未到达炽热温度）起动柴油机，控制器电路自动退出工作状态。若要再次进行预热起动柴油机，须将钥匙开关断开 5s 之后方可。

在不使用起动辅助措施时，柴油机的最低起动温度平均为 −15℃ 左右，显

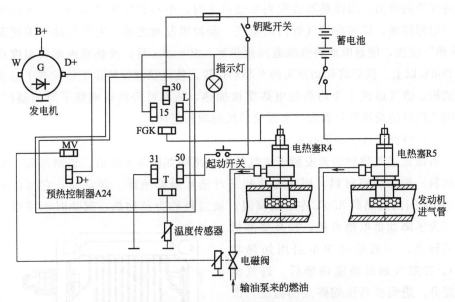

图 6-5　某车辆火焰进气预热装置电路示意图

然不能满足我国寒冷地区的使用要求。当使用火焰预热塞，并配以适合于低温环境下的柴油、润滑油、冷却液及蓄电池等时，便可使柴油机的起动温度再降低 20～25℃，即在−40～−35℃时仍能起动。

6.1.3　电阻式进气预热

电阻式进气预热装置是用电热塞、电热丝或电热片对进入汽缸的空气进行加热，把电能转变为热能的装置。电阻式进气预热装置的类型有集中预热和分缸预热两种，集中式预热装置安装在柴油机的进气管上，分缸预热装置安装在各缸进气歧管上。

（1）电热塞式进气预热装置

电热塞式进气预热装置示意图如图 6-6 所示。

这种预热装置的发热元件是由铁镍铝合金制成的内热式电阻丝。电阻丝的外面通过氧化铝陶瓷绝缘，绝缘体的外面是带有螺纹的金属壳体，以使其固定在柴油机的进气管上。电阻丝的一端通过壳体金属搭铁，另一端通过绝缘体引

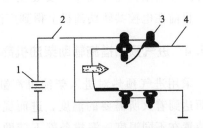

图 6-6　电热塞式进气预热装置示意图
1—蓄电池；2—开关；3—电热塞；4—进气管

123

到进气管的外面。当预热器装配到柴油机上时，中心螺杆通过柴油机的预热开关与电源接通，以加热进气管内的空气。柴油机起动之前，先将起动开关转至"预热"位置，使蓄电池的电流通向预热塞，30～40s后，预热塞内端头温度可达900℃以上。然后将起动开关转至起动位置，使电热塞保持在炽热状态下起动柴油机，进气通过4个灼热的电热塞被加热，从而可提高压缩终了时的温度，使喷入汽缸的柴油容易着火，实现柴油机的顺利起动。

（2）格栅式进气预热装置

格栅式进气预热装置安装于进气管上，结构如图6-7所示。铝制外壳，加热材料一般为镍铬材料，用陶瓷片和云母垫片隔断绝缘。起动前，它可以在40s的时间内加热到850℃左右的高温，该过程称为预加热；起动时也可以工作（为了降低蓄电池负担，提高柴油机拖动转速，一般起动中不启用加热功能），冷空气通过高温格栅后，进气温度提升，进而提高压缩终点的温度，改善起动初期燃烧环境，起动后可以重新开启进气加热，有效地提高燃烧的稳定性，减小冒白烟程度，该过程称为后加热。以上全过程均可以通过ECU精准控制。

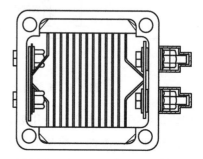

图6-7　格栅式进气预热装置示意图

加热器的加热时间取决于进气加热继电器的电气特性和进气加热器的温升特性，一般来说进气加热继电器的电气特性决定了柴油机后加热的最长工作时间，进气加热器的温升特性决定了柴油机预加热的最佳时间。

柴油机上使用电阻式预热装置进行低温起动试验，提高压缩终点温度，改善着火条件。其最低起动温度可达到−25℃。由于这种电阻式预热装置需消耗蓄电池的电能，对于低温下本来就容量不足的蓄电池来说则是不利的。但由于这种预热器结构比较简单，安装及接线比较方便，可使柴油机在较低温度下起动，目前在电控共轨柴油机上得到广泛应用。

6.1.4　进气预热措施辅助柴油机高原低温起动机制

采用进气预热对进入柴油机汽缸的空气进行加热以提高压缩终点的温度，从而达到着火所需要的温度，进而提高柴油机的低温起动性能。然而，进气预热装置在不同温度、海拔条件下辅助柴油机起动时，加热系统能否提供足够的热量和足够缸内混合气是柴油机能否顺利起动的关键。

（1）柴油机顺利起动进气所需加热量

进气预热系统热工计算的目的是计算出柴油机在不同温度起动试验点所需进气温度及加热系统应提供的热量，为采取有效的进气预热措施提供依据。

① 压缩终点温度计算　进气压缩终点温度按式（6-1）计算。

$$T_{co} = T_{ca}\varepsilon_{cc}^{n_1-1} \tag{6-1}$$

式中，T_{ca} 为压缩始点的温度，K；T_{co} 为压缩终点的温度，K；ε_{cc} 为有效压缩比，$\varepsilon_{cc} = (0.8\sim0.9)\varepsilon_c$，$\varepsilon_c$ 为压缩比；n_1 为压缩多变指数。

② 起动过程中实际供气量的计算　起动过程中实际供气量可按式（6-2）计算。

$$G_{s2} = \phi_c \frac{p_d V_s i}{R T_d} \times \frac{nt}{120}\eta_s \tag{6-2}$$

式中，G_{s2} 为柴油机进气量，kg；ϕ_c 为充气系数，取 $\phi_c=0.75$；V_s 为汽缸工作容积，L；i 为汽缸数；n 为柴油机转速，r/min；R 为空气气体常数，$R = 0.287\text{kN}\cdot\text{m}/(\text{kg}\cdot\text{K})$；$\eta_s$ 为柴油机扫气系数，取 $\eta_s=1$（起动过程中增压器不工作）；t 为起动时间，s；p_d 为进气压力，MPa；T_d 为进气温度，K。

③ 进气所需加热量计算　进气所需加热量可按式（6-3）计算。

$$Q = C_p G_{s2}(T_a - T_{ca}) \tag{6-3}$$

式中，Q 为供热量，kJ；T_a 为环境温度，K；C_p 为空气质量定压比热容，当温度在 $-20\sim-10℃$ 时，取 $C_p=1.009\text{kJ}/(\text{kg}\cdot\text{K})$，当温度在 $-50\sim-21℃$ 时，$C_p=1.013\text{kJ}/(\text{kg}\cdot\text{K})$。

以某型柴油机为例，计算两种不同进气预热装置的供热量。

压缩多变指数的计算：

$$n_1 = \frac{\lg\left(\frac{p_{co}}{p_{ca}}\right)}{\lg\varepsilon_{cc}} = \frac{\lg\left(\frac{2.6}{0.0909}\right)}{\lg(0.9\times16)} = 1.257 \tag{6-4}$$

式中，取 $p_{co}=2.6\text{MPa}$（说明书中压力）；$p_{ca}=(0.8\sim0.9)p_d$，p_d 近似为环境大气压力，取 $p_d=0.101\text{MPa}$，系数取 0.9；$\varepsilon_{cc}=(0.8\sim0.9)\varepsilon_c$，$\varepsilon_c=16$，系数取 0.9。

压缩始点温度的计算：

$$T_{ca} = \frac{T_{co}}{\varepsilon_{cc}^{n_1-1}} = \frac{350+273.15}{(0.9\times16)^{1.257-1}} = 313.98(\text{K})$$

式中，T_{ca} 为压缩始点的温度，为了保证某型柴油车在零海拔 $-41℃$ 时顺利起动，取压缩终点温度 $T_{co}=350℃$。

其进气系统温度应高于：

$$T_d = 273.15 + k(T_{ca} - 273.15) = 334.395(K) = 61.245(℃)$$

式中，k 为热利用系数，依据经验 k 取 1.5。

起动过程中的实际进气量计算：

$$G_{s2} = \phi_c \frac{p_d V_s i}{R T_d} \times \frac{nt}{120} \eta_s = 0.222(kg)$$

为保证柴油机正常起动，取柴油机的最低起动转速 $n = 80r/min$；起动时间 $t = 30s$。

进气预热系统所需的加热量计算：

$$Q = C_p G_{s2}(T_d - T_a) = 22.99(kJ)$$

从进气预热系统所需的加热量计算可以看出，在 $-41℃$ 低温起动时，30s 的起动时间内，进气预热系统至少应提供 22.99kJ 的热量才能保证柴油机顺利起动。

通过对 $-41℃$ 时进气所需加热量的计算过程，得到在其它温度下起动时进气所需要的加热量，如表 6-2 所示。

表 6-2　不同温度下某型柴油机起动时进气所需加热量

温度/℃	−10	−20	−30	−41
Q/kJ	14.09	16.64	19.60	22.99

由表 6-2 可以看出，温度每下降 10℃，某型柴油机顺利起动进气所需加热量大概平均升高 16%。随着温度的下降，当选用充足电的蓄电池和合适的润滑油时，采用进气预热装置辅助车辆起动时，若使该柴油机能够顺利起动，则进气预热装置必须给柴油机提供在该温度下相应的热量。

（2）不同进气预热装置供热量分析

① 火焰进气预热装置供热量分析　某型柴油机上的火焰进气预热装置预热塞的耗油量约为 6mL/min，由于进气管无保温隔热材料，进气管内燃油燃烧释放的热量除了加热进气管内的空气以外，热量还通过管壁以自由流动换热方式向周围大气散热，柴油机进气管可近似为圆管结构，根据某型柴油机的特点，其内径近似为 6cm，火焰预热塞加热的进气管长度取 9cm，进气管壁厚为 1cm，假设柴油机进气经火焰进气预热加热装置加热后，各缸的温度平均升高了 Δt，由式（6-5）近似计算：

$$Q = h_\mu \rho_d V_d \times 10^{-3} = C_p G_{s1} \Delta t + \lambda A \frac{\Delta t}{\delta} t \times 10^{-3} \tag{6-5}$$

式中，h_μ 为柴油的低热值，$h_\mu = 42500kJ/kg$；t 为起动时间，取 $t = 30s$；V_d 为起动过程中预热塞消耗的燃油量，由于某型柴油机上装备有两个预热塞，

因此 $V_d=6\times2\times t/60=6$ mL；C_p 为空气质量定压比热容；G_{s1} 为起动过程中的实际进气量，kg；Δt 为管内空气平均升高的温度，℃；λ 为进气管的热传导率，其材料为铸铁，取 $\lambda=39.2$ W/(m·K)；A 为进气管内表面积，$A=3.14\times6\times9\times10^{-4}=0.0170$ m²；δ 为进气管壁厚，$\sigma=0.01$ m；ρ_d 为柴油密度，g/cm³。

当环境温度为 -41 ℃时，由式(6-2)、式(6-5) 可推导出 Δt 的平均值约为 97.4℃，火焰预热装置放出的热量为 21.90kJ，同理可得不同的环境温度下火焰进气预热装置提供的热量，如表 6-3 所示。

表 6-3　不同的环境温度下火焰进气预热装置提供的热量

温度/℃	−10	−20	−30	−41
Δt/℃	98.6	98.3	97.9	97.4
Q/kJ	19.50	20.13	21.02	21.90

由表 6-3 可得，温度每下降 10℃，火焰进气预热装置的供热量升高约 3%。

② PTC 陶瓷进气预热装置供热量分析　在柴油机起动前，使用 PTC 陶瓷进气预热装置对柴油机进行预热时，PTC 加热芯片的温度设定为 210℃，可使进入进气管的空气温度约为 150℃。以 K08C 型 PTC 陶瓷进气预热装置为例，可得不同环境温度下 PTC 陶瓷进气预热装置提供的热量如表 6-4 所示。

表 6-4　不同的环境温度下 PTC 陶瓷进气预热装置提供的热量

温度/℃	−10	−20	−30	−41
Q/kJ	31.64	34.82	38.66	42.95

由表 6-4 可得，温度每下降 10℃，PTC 陶瓷进气预热装置的供热量升高 11%。

根据上述计算得出不同进气预热装置的供热量与柴油机起动所需热量的关系，如图 6-8 所示。

由图 6-8 可以看出，在 0℃至约 -36℃时，PTC 陶瓷进气预热装置和火焰进气预热装置理论上提供的热量都能满足柴油机起动所需的热量，但大约在 -36℃以下时，火焰进气预热装置提供的热量不能满足柴油机起动的需要，由此可以得出，在低温

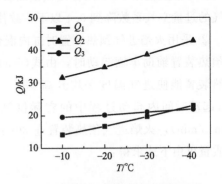

图 6-8　不同进气预热装置的供热量与
柴油机起动所需热量的关系
Q_1—柴油机起动所需热量；
Q_2—PTC 陶瓷进气预热装置供热量；
Q_3—火焰进气预热装置供热量

条件下，PTC陶瓷进气预热装置辅助柴油机的起动性能要优于火焰进气预热装置。

(3) 进气预热装置不同海拔使用性能分析

虽然PTC陶瓷进气预热装置和火焰进气预热装置在平原温度较低时辅助车辆起动性能较好，但到了高海拔条件下，由于进气预热装置自身工作原理的局限性，其辅助车辆的起动性能并不如平原效果明显，原因是在高海拔条件下使用进气预热装置导致进气温度增加，空气密度减小，柴油机的缸内混合气浓度加大，导致柴油机可能无法起动。

① 采用PTC陶瓷进气预热装置时缸内混合气过量空气系数分析　在低温条件下使用PTC陶瓷进气预热装置能够很好提高柴油机的进气温度，从而提高车辆的起动性能，但在高海拔环境条件下使用PTC陶瓷进气预热装置，会使柴油机的进气温度升高，从而导致柴油机的实际进气量减少，空燃比降低。由柴油机在不同海拔下的密度和空燃比，计算得到柴油机使用PTC陶瓷进气预热装置在不同海拔 H 的过量空气系数 ϕ_{at} 如表6-5所示。

表6-5　使用PTC陶瓷进气预热装置时不同海拔的过量空气系数

H/m	0	1000	2000	3000	4000	5000
ϕ_{at}	0.526	0.469	0.413	0.363	0.320	0.280

由计算结果可得，海拔每升高1000m，柴油机过量空气系数下降11%～12%。柴油机使用PTC陶瓷进气预热装置在海拔3000m起动时，柴油机缸内混合气的过量空气系数降到0.4以下，致使柴油机起动过程着火更加困难。

② 采用火焰进气预热装置时缸内混合气过量空气系数分析　在使用火焰进气预热装置辅助车辆起动时，由式(6-5)计算可得在0～5000m时，火焰进气预热装置能使进气温度平均升高98℃，由式(6-2)计算可得柴油机在零海拔30s起动时间内起动过程中的实际供气量，依据火焰进气预热装置其耗油量(6mL/min)，火焰进气预热装置在30s起动时间内燃油完全燃烧需要消耗的空气质量可由下式求得：

$$m' = \alpha \rho V \tag{6-6}$$

式中，α 为零海拔环境下车辆起动时缸内混合气空燃比；ρ 为柴油密度，g/cm^3；V 为30s内消耗的燃油体积，mL。

由上式可得在火焰进气预热装置工作过程中消耗进气管中的空气质量，从而得到环境温度为 $-30℃$ 时柴油机缸内混合气的空燃比和过量空气系数(表6-6)。

表 6-6　采用火焰进气预热装置时不同海拔的过量空气系数

H/m	0	1000	2000	3000	4000	5000
ϕ_{at}	0.528	0.458	0.387	0.327	0.272	0.223

由表 6-6 可知，环境温度为 -30℃时，海拔每升高 1000m，柴油机过量空气系数约下降 16%。

（4）进气加热柴油机高原低温起动性能试验研究

同济大学利用高原环境模拟试验台，以一台压缩比为 14.25 的增压直喷柴油机为试验对象，在 0m、3000m、4500m 海拔条件下只进行了冷态（20℃）进气预热辅助措施对柴油机起动性能的影响研究，并未开展更低温度（如 -41℃）的进气预热装置对柴油机高原起动性能的影响研究。

进气加热可以提高进气温度，进气温度的提高可以显著提高压缩终了温度，有利于燃烧室内燃料的蒸发与雾化。图 6-9 和图 6-10 分别为平原（0m）、高原（3000m、4500m）进气加热对试验样机起动初始期、升速期及燃烧形态的影响。由图 6-9 和图 6-10 可见，进气加热可以减小柴油机起动过程中的初始期，并大幅度降低升速期时间；海拔 3000m 和 4500m 条件下，进气加热可大幅度降低失燃循环的出现，改善起动性能。

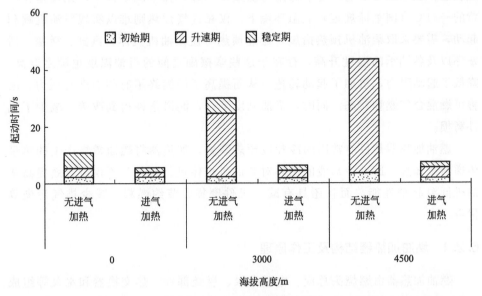

图 6-9　0m、3000m、4500m 海拔进气加热对起动初始期、升速期和稳定期的影响

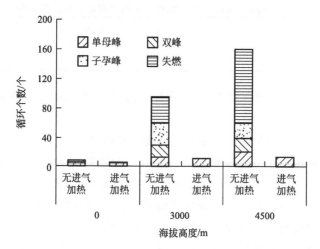

图 6-10　0m、3000m、4500m 海拔进气加热对起动燃烧形态的影响

6.2　柴油机冷却液预热技术

柴油机进气预热通过进气预热装置加热进气气流，改善了可燃混合气的燃烧状态，在−30℃以上环境下低温起动效果明显；在−30℃以下，尤其是在严苛的−41℃（国军标规定）低温环境下，仅靠进气预热则难以实现柴油机顺利起动，需要采取柴油机预热措施。通过预热可使柴油机机体、汽缸、活塞、活塞环以及各轴承的温度升高，存在于这些摩擦副之间的机油温度也随之升高，降低了起动阻力，增加了起动转速，从而提高了压缩终了时的温度与压力，改善可燃混合气燃烧状态。同时，机油黏度下降，润滑条件得到改善，减少了机件磨损。

燃油加热器是目前常用的冷却液预热装置，加热器将燃油燃烧产生的热量传递给冷却液，通过冷却液的循环对柴油机机体进行预热，不仅可有效提高柴油机低温起动性能，而且还具有减少机件磨损、节约燃料、减少排气污染等优点。

6.2.1　燃油加热器结构及工作原理

燃油加热器由燃烧头总成、电磁油泵、燃烧部件、热交换器和水泵等组成（图 6-11）。其中，燃烧头总成主要包括主电机和助燃风轮，主电机和助燃风轮同轴安装，负责提供助燃空气；电磁油泵连接油箱与冷却液燃油加热器进油管，提供加热器所需燃料；燃烧部件主要包括点火塞、挥发网、燃烧室等，此部分保证助燃空气和供应的燃油良好混合并稳定燃烧；独立循环水泵强制冷却液的流动；热交换器总成将燃烧热量传递给冷却液。

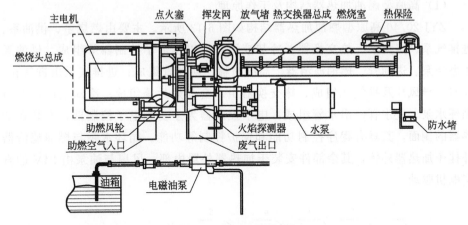

图 6-11　燃油加热器结构

　　其工作原理见图 6-12。工作时点火塞通电预热，当其达到额定温度后电动油泵和电机通电工作，燃油被电动油泵吸入并送到挥发网上，燃油立即挥发并与助燃风轮送入的助燃空气混合，油气混合物在点火塞高温作用下迅速在燃烧室中燃烧。随着换热器温度的上升，火焰探测器动作，控制电路切断点火塞供电，加热器正常燃烧。冷却液加热器水路与柴油机冷却系统连接形成循环通路，燃油燃烧产生的热量通过热交换器传递给柴油机冷却液，经加热的冷却液由独立循环水泵强制在柴油机冷却系统中循环流动，从而实现对柴油机机体的预热。

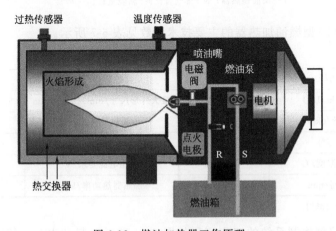

图 6-12　燃油加热器工作原理

6.2.2 高原型燃油加热器设计

（1）高原型燃油加热器结构及工作原理

ZYJ-20/40 高原型燃油加热器结构如图 6-13 所示。主要由燃烧系、供油系、进排气系、点火系、热交换器、冷却液循环系以及电子控制器等组成。供油系由燃油泵、进油管、燃油滤清器、高压喷嘴、回油管组成；进排气系由进气孔、风扇、导风片及排气孔组成；热交换器由水套与翅片等组成；冷却液循环系由循环水泵、进水管、出水管组成；电子控制器为多功能电子控制器，安装在加热器的侧面，其具有程序控制功能和保护控制等功能。循环水泵与燃油滤清器外挂于加热器外体，其余部件安装于加热器外罩内部，风扇与油泵由 24V 的直流电机驱动。

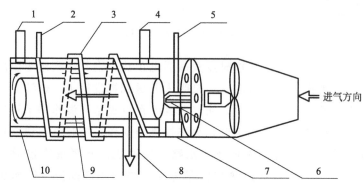

图 6-13 ZYJ-20/40 高原型燃油加热器结构

1—进水口；2—进油口；3—预热油管；4—出水口；5—回油口；6—喷油嘴；
7—柴油预热器；8—排气管；9—燃烧室；10—水套

ZYJ-20/40 型燃油加热器的主要技术参数见表 6-7 所示。

表 6-7 高原型燃油加热器性能参数

性能指标	性能参数	性能指标	性能参数
发热量/(kcal/h)	≥20000	最大外形尺寸/mm×mm×mm	590×330×270
燃油消耗量/(kg/h)	3.1	整机质量/kg	18
热效率/%	≥55	额定电压/V	24
使用环境温度/℃	≥−41	使用电源要求/V	26±4
加热时间/min	20	加热器热功率/kW	≥20

注：1cal=4.1868J。

燃油加热器控制系统的工作流程如图 6-14 所示。起动水泵，使冷却液在加热器、缸体、蓄电池加热保温箱之间循环，当环境温度高于 0℃时，在 ECU 控制下自动起动主电机，风扇工作 120s 后，关闭主电机，打开电磁阀和点火电极；如果环境温度低于 0℃时，在 ECU 控制下自动起动主电机和柴油预热器，120s 后，主电机关闭，打开电磁阀和点火电极，在 1～2s 后打开主电机，风扇工作，燃烧室内进气，如果点火不成功，则关闭主电机及点火电极，10～20s 后，如果点火超过 4 次，关闭柴油预热器和水泵，并报警，这时就检查加热器是否有故障；如果点火不超过 4 次，继续打开电磁阀后打开点火电极，在 1～2s 后打开主电机，风扇工作，燃烧室内进气，这时点火成功后，关闭预热及点火电极，加热器开始工作，对冷却液进行加热，冷却液温度如果没有达到设定的控制温度 $T_1=80℃$，则继续加温；如果冷却液温度达到设定的控制温度 $T_1=80℃$，则关闭电磁阀，60～120s 后关闭主电机，在冷却液温度降到设定控制温度 $T_2=70℃$ 时，回到打开电磁阀后打开点火电极状态，对加热器进行点火，继续执行加热工作；如果冷却液温度没有降到 70℃，保持关机状态。

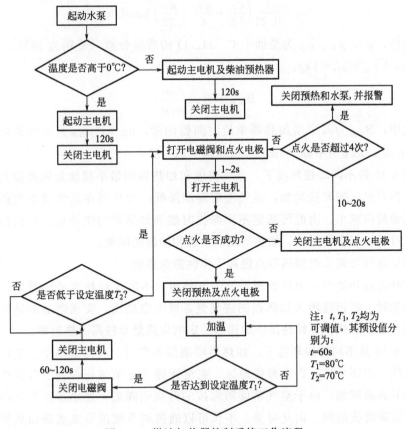

图 6-14　燃油加热器控制系统工作流程

（2）燃油加热器喷油系统设计

在低气压低温环境中，空气氧含量降低，进气压力减小，柴油机汽缸内混合气过浓，是柴油机不易起动的主要原因之一。同时，受高原空气含氧量低、空气密度小等特点的影响，燃油加热器也会出现空燃比过低、混合气浓度过大的问题，不易点燃，所以高海拔燃油加热器喷油系统的合理设计是设计高原型燃油加热器的重点。

随海拔增加，空气密度降低，从而使加热器的空燃比降低，混合气浓度升高。当混合气浓度超过着火浓度范围时，会使燃油加热器难以点燃或燃烧不完全。基于这种情况，通过调节喷油量，实现加热器的顺利点燃。下面分析在进气量不变的情况下，为达到正常的空燃比，随海拔的增加，燃油加热器喷油量的变化情况。

平原环境下，完全燃烧1kg燃油所需理论空气量可由下式求得：

$$L_0 = \frac{1}{0.21}\left(\frac{g_C}{12} + \frac{g_H}{4} - \frac{g_O}{32}\right) \text{kmol/kg} \tag{6-7}$$

式中，g_C、g_H、g_O 为柴油中 C、H、O 的质量分数，分别为 86%、13%、1%，$g_C + g_H + g_O = 1\text{kg}$。

$$B_{高原} = B_{平原}\frac{\rho_{高原}}{\rho_{平原}} \tag{6-8}$$

式中，$B_{高原}$ 为高原型加热器单位时间燃油量，kg/h；$\rho_{高原}$ 为高海拔空气密度，kg/m^3；$\rho_{平原}$ 为平原（0m）空气密度，kg/m^3。

图 6-15 是不同海拔环境下，空气密度和加热器的最小燃油量随海拔变化曲线。由图可见，随海拔增加，空气密度逐渐降低，加热器在进气量不变的情况下，燃油量应减小。由此可选定不同海拔时燃油加热器的供油量，解决高海拔空燃比过低、混合气过浓、加热器难以点燃和续燃的问题。

（3）进气量调节对加热器点燃和工作性能的影响

在高海拔环境中，为得到所需要的发热量，不改变加热器喷油器单位时间的供油量时，需相应增大加热器的进气量，增大空燃比，实现燃油加热器的顺利点燃和正常燃烧，并始终保证加热器一定的发热量及较高的热效率。

图 6-16 是不同海拔环境下，加热器喷油量不变时，所需最小空气量随海拔变化曲线。由图可见，在高海拔地区，完全燃烧1kg柴油所需的空气体积量随海拔的升高而增加，由于空气密度随海拔的升高而降低，加热器所需最小空气量要相应随海拔增加。由此可见，不仅可以通过调节喷油量来实现加热器的高原点燃和续燃，也可以在燃油量不变的基础上通过改变加热器进气量，解决高原用加热器的点燃和续燃问题。

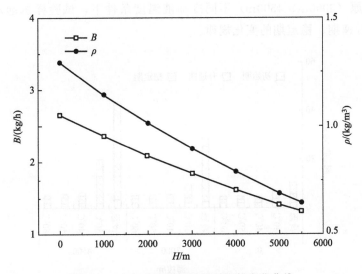

图 6-15　空气密度和燃油量随海拔变化曲线

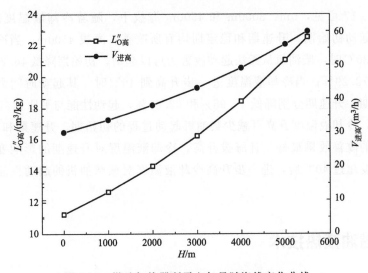

图 6-16　燃油加热器所需空气量随海拔变化曲线

6.2.3　冷却液加热对柴油机高原低温起动性能的影响

冷却液加热是通过燃油燃烧器使燃料燃烧，将热量通过热交换传递给冷却液来加热整机及润滑油的升温起动辅助措施。柴油机被加热后，一方面压缩终了的温度提高，有利于起动；另一方面汽缸、活塞、活塞环等摩擦副之间的机油温度提高，黏度降低，摩擦阻力减小，有利于减少起动时间。图 6-17 为平原

135

（0m）、高原（3000m、4500m）不同冷却液温度条件下，试验样机起动过程中初始期、升速期、稳定期的变化规律。

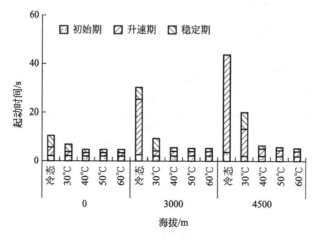

图 6-17 0m、3000m、4500m 海拔冷却液温度对起动初始期、升速期、稳定期的影响

由图 6-17 可见，0m、3000m 和 4500m 海拔下，随着冷却液温度的升高，该柴油机起动初始期、升速期和稳定期均有所改善。海拔 4500m，当冷却液温度升高到 30℃时，柴油机从无法起动改善为可以起动，初始期降低 46.22%，升速期降低 72.29%；当冷却液温度进一步升高到 40℃时，其起动时间大幅度减少，初始期、升速期分别降低 45.95% 和 92.05%，起动性能与平原相当。

综上，冷却液温度升高可减少柴油机起动过程的初始期、升速期和稳定期，对升速期的改善效果最好，且海拔升高，冷却液温度对升速期的影响变大。当冷却液温度超过 40℃后，进一步升高冷却液温度对该柴油机的起动性能改善效果不明显。

6.3 燃油预热技术

柴油中碳氢化合物含有链烷烃，当温度降低到一定程度，会以蜡状物形式逐渐析出（俗称析蜡），析出的蜡晶影响柴油的流通性，吸附在滤网上逐步堆积堵塞滤网孔，导致柴油机供油不畅而无法着火。为解决该问题，通常采用适当辅助手段提高柴油的温度或柴油的冷滤点，抑制或防止柴油结晶。其中柴油电加热技术是目前采取的主要技术措施，发热元件主要有电热丝、PTC 两种形式。下面以 PTC 燃油预热介绍其结构特点及工作流程。

6.3.1　PTC 燃油预热器的特点及安装位置

（1）特点

PTC（正温度系数）发热材料具备如下明显的特点，在柴油预热中被越来越多采用，主要特点如下：

① 安全性好。PTC 材料具备自控温特殊功能，当元件施加直流电压升温时，在未达到居里温度时它的电阻率基本保持不变或仅有很小变化，而当温度超过材料的居里温度后，电阻率会迅速增大，使其电流下降达到自动控制温度的目的。该特殊功能用在柴油加热上具备明显的安全优势。

② 效率高。PTC 材料升温迅速，热能转换效率高，可以在较短时间内提高燃油温度，和冷起动用途的快速柴油加热要求相吻合。

③ 布置便捷。加热元件可以制作多种结构和规格，可以容易地安装在散热金属体上或直接安置在油路中，通过合理设计可以和柴油供油系统中的其它部件集成，不影响低压油路流阻，不改变柴油机基本结构，不影响柴油过滤精度。

④ 控制电路简单，维修方便。和电热丝等材料发热元件相比，省去了复杂的自动控制温度的线路，系统控制部分结构简单。

但和其它电加热元件一样，PTC 发热元件消耗的是整车电能，在低温环境下蓄电池能量下降，冗余电量不足，如不正确选择 PTC 发热元件的用电功率，会导致起动前过多消耗蓄电池电量，反而会恶化起动条件。

（2）发热元件布置

PTC 发热材料具有对外绝缘的结构特点，可以方便地放置在油路中直接加热柴油。常见的布置位置在油箱中、管路中和滤清器中，不同地点的布置方式决定系统的复杂性和维修性。考虑到预热过程加热的对象主要是供油回路系统内的燃油，而且低温析蜡影响油路流通性的最主要原因是堵塞滤网，因此发热元件应该靠近滤网处进行布置。

一般柴油机供油系统共有三处滤网，分别为与油量传感器集成在一起的出油管滤网（图 6-18）、油水分离器滤网、主柴滤滤网（图 6-19）。其中主柴滤和油水分离器滤网网孔相对较密，堵塞的风险较大，在柴油滤清器装置中集成发热元件相对其它地方更容易实现，而且发热元件靠滤网近，预热效果好。

滤清器中加热元件的布置，是利用滤清器进出油管处的上盖本体的内腔空间（图 6-19），将硬币状圆形陶瓷发热元件两个电极和上下金属散热导电片紧密连接（该散热导电片同时起散热和导电的作用），既不影响回路流阻，加热元件的热传递也直接作用于滤网，迅速加热低温时滤网上凝固的燃油，起到溶解析蜡、降低燃油黏度、提高流通性的目的。

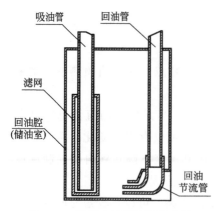

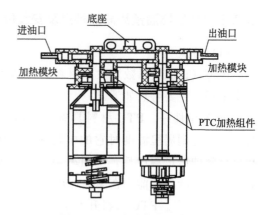

图 6-18　油箱出油管滤网示意图

图 6-19　油水分离器及主柴滤

（3）柴油预热系统工作流程

柴油预热系统和格栅进气预热系统组合共同构成柴油机预热系统。当接通点火开关，ECU 检测到环境温度低于 5℃时，预热程序开始运行。燃油预热过程一般按照如下步骤进行。

① 起动。和进气预热系统同时起动，在进气预热格栅电源接通时，电控系统也向柴油预热系统的元件供电。

② 预热。PTC 材料通电后温度升高，对供油回路中的柴油进行预热，并继续保持通电到柴油温度达到 5℃。

③ 停止预热。当柴油温度达到设定值（5℃）后，电控系统停止向 PTC 元件供电，柴油预热退出运行。

④ 如果在进气预热格栅预热（和环境温度存在对应关系，最长 25s）后的 20s 内（等待点火时段），ECU 未接收到来自点火开关的起动信号，或第一次起动不成功，从用电平衡考虑，断开 PTC 电源供应，等待第二次预热起动。

6.3.2　PTC 发热元件功率选择

正确选择柴油预热系统需要的元件的功率是该技术运用的关键，其功率值的大小取决于希望得到的被加热柴油的温升速率和蓄电池电能消耗。

考虑柴油机在预热阶段温升不高，回油对供油回路的油温上升贡献不大，理论计算时不计入这部分热量增量选择出的 PTC 元件功率值对获得期望的温升速率更有利，因此根据式（6-9）热平衡公式进行计算。

$$Q_{PTC} = Q_{油} + Q_{环境} \tag{6-9}$$

式中，Q_{PTC} 为发热元件发出的热量；$Q_{油}$ 为被加热柴油吸收的热量；$Q_{环境}$ 为供油系统部件表面向环境散失的热量。

为正确选择 PTC 元件参数，首先要确定预热阶段被加热燃油期望得到的温升速率，该温升速率是燃油预热系统设计的一个重要参数，数值越大决定了选择的 PTC 功率越大，容易造成蓄电池亏电，反过来该温升速率如果偏小，预热效果差，严重时甚至会起不到避免车辆熄火的目的。根据低温试验测量结果，该温升速率为 6℃/min。在实际使用中：

① 未加装柴油预热车辆的售后质量信息显示，一般故障发生在柴油机起动后怠速运行 1min 以后。

② 低温时使用的柴油冷滤点温度一般比冷凝点高 4～6℃。基于保证冷凝点环境温度附近车辆正常使用的设计前提，由于在柴油机起动前燃油预热系统已经过柴油机前预热、等待起动、起动三个时间段的持续工作，当再持续加热到发动机起动后 1min 时，燃油的加热时间一定超过 1min，如果按照温升率 6℃/min 推算，被加热燃油的温度理论上已上升 6℃，越过了冷滤点，可以避免析蜡影响供油的流通性，因此设定燃油预热系统的温升速率为 6℃/min，具备合理性。

预热过程加热的柴油和供油回路的结构存在密切关系，例如某车型的供油系统回油口和出油口都集中在柴油传感器底部的回油腔，回油腔与油箱相通的开口补充柴油机运行过程消耗的油量，大部分供油系统内燃油在系统管路内循环运行，考虑到预热阶段的前期柴油喷射消耗量远小于供油循环油路内的总油量，所以可以近似认为 PTC 元件通电发出的热量除了一部分对环境散失，主要用于加热燃油循环系统（包括滤清器、输送管路、油箱内回油腔）内的柴油。

例如，某车辆燃油循环系统各部件的有效容积和散热面积如表 6-8 所示。

表 6-8　某车辆燃油循环系统各部件的有效容积和散热面积

项目	油管	油水分离器	主柴滤	回油腔	总计
有效容积/m³	245	1000	700	300	2245
散热面积/m²	0.12	0.05	0.035	0.015	0.22

柴油的吸热量可由式(6-10) 计算。

$$Q_{油} = cmt \tag{6-10}$$

式中，c 为柴油比热容，kJ/(kg·℃)；m 为柴油质量，kg；t 为温升，℃。

同时，燃油循环系统部件的表面向环境散失热量，该散失热量值与散热面积、被加热燃油与环境的温度差、升温时间长短有关，计算公式：

$$Q_{环境} = hAF\Delta t \tag{6-11}$$

式中，h 为对流换热系数，取 $h = 5W/(m^2 \cdot ℃)$；A 为供油系统部件总的散热面积，m²；F 为油温相对环境的温差值（按假设要求取 6℃）；Δt 为油温上升 6℃的加热时间，按照目标温升速率 6℃/min 的要求，$\Delta t = 1$min。

由此可以计算出 PTC 元件的功率为 0.407kW。

从用电平衡角度对电能消耗校核如下：

在柴油机起动前的前预热阶段和等待起动时段，由蓄电池提供电能，12V供电系统中 PTC 工作电流为 35A，由于前预热时间最长 25s，等待起动时间最长 20s，消耗蓄电池容量为 0.44A·h，对整车装用的 120A·h 蓄电池性能影响不大。

以上设计参数在具体产品中的实现形式为：将选择的柴油预热系统总需求功率分为两组，油水分离器和主柴滤（精滤）各分配 210W，每组由三片 70W 硬币状圆形陶瓷发热元件并联组成（见图 6-19）。

6.4 燃烧室预热技术

在高原低温环境下，冷的汽缸中泄漏损失和散热损失增大，使得压缩压力和温度降低，因此对于冷态柴油机而言，存在一个起动极限温度，环境温度低于这个温度，柴油机没有辅助设备就无法起动了。

涡流室式或预燃室式柴油机，由于燃烧室表面积大，在压缩过程中的热量损失较直接喷射式大，更难以起动。因此在涡流室或预燃室中安装一个电热塞，以便在起动时对燃烧室内的空气进行预热。电热塞也称预热塞（glow plug），是用来提高柴油机燃烧室内空气温度的预热装置。

6.4.1 电热塞的结构及安装位置

图 6-20 和图 6-21 分别为电热塞结构和实物图。螺旋形电阻丝用铁镍铝合金制成，其一端焊于中心螺杆上，另一端焊在耐高温不锈钢制造的发热体钢套底部。在中心螺杆与外壳之间有陶瓷绝缘体，高铝水泥胶合剂将中心螺杆固定于绝缘体上。外壳上端翻边，将绝缘体、发热体钢套、密封垫圈和外壳相互压紧。为固定电阻丝的空间位置，在钢套内装有具有一定绝缘性能、导热好、耐高温的氧化铝填充剂。外壳带密封垫圈装于汽缸盖上，各电热塞的中心螺杆用导线并联到蓄电池上。在起动柴油机以前，先用专用的开关接通电热塞电路，很快红热的发热体钢套使汽缸内的温度升高，从而提高了压缩终了时的汽缸内温度，使喷入汽缸内的柴油机容易着火。电热塞的通电时间一般不应超过 1min。柴油机起动后，应立即将电热塞断电。若起动失败，应停歇 1min 再将电热塞通电作第二次起动，否则，电热塞的寿命将会降低。

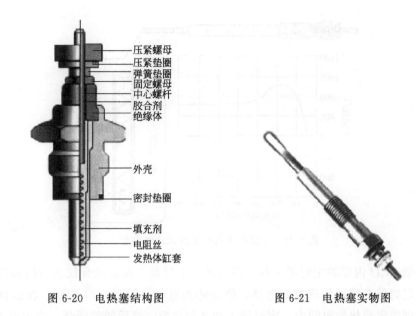

图 6-20   电热塞结构图   图 6-21   电热塞实物图

　　图 6-22 为不同燃烧室形式电热塞的安装位置图。电热塞按照其电阻丝安装在发热体钢套内和电阻丝裸露于外部，分为密封式电热塞和开式电热塞，目前应用较为广泛的是密封式电热塞。

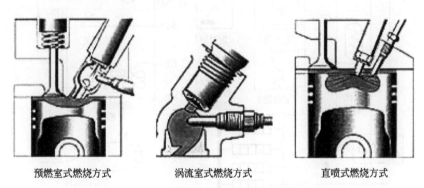

预燃室式燃烧方式　　　涡流室式燃烧方式　　　直喷式燃烧方式

图 6-22   不同燃烧室形式电热塞的安装位置图

6.4.2   应用实例

　　丰田汽车配备了自控温度式的电热塞，如图 6-23 所示。电热塞内装有随温度上升而增加电阻的控制线圈，依靠线圈所增加的电阻来降低流向与控制线圈串联连接的热线圈的电流量。由于电流量被降低，使预热塞的温度不致上升过高。

　　起动预热时间控制策略：

　　以丰田汽车为例。当柴油机低温起动时，点火开关接通后，预热定时器或

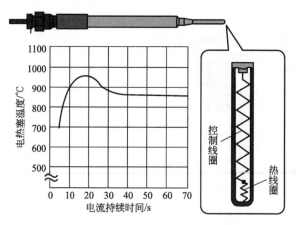

图 6-23　丰田汽车自控温度式的电热塞

排放控制 ECU 内部的定时器 1 和 2 都接通。定时器 1 接通组合仪表内的预热指示灯，定时器 2 接通预热塞继电器，使预热塞通电，如图 6-24 所示。在依据冷却液温度决定预热的时间内，定时器 1 和 2 都接通，然后同时断开。当定时器 1 断开时，预热指示灯也熄灭。

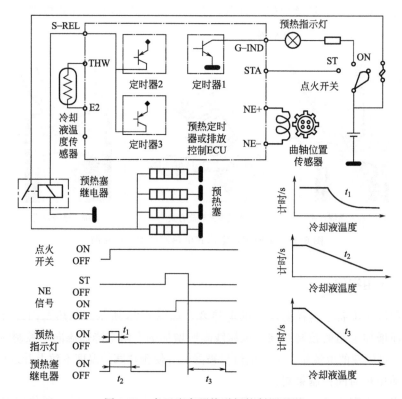

图 6-24　丰田汽车预热时间控制原理图

142

当点火开关旋至"起动（START）"位时，预热定时器或排放控制 ECU 将预热塞继电器接通，防止预热塞温度在起动时下降，改善起动性能。当定时器 3 运行时，在依据冷却液温度决定的预热时间内，将预热塞继电器接通，进而对预热塞加热。当点火开关从起动（START）位旋至点火（ON）位时，对柴油机的起动产生辅助作用。

系统对预热时间的控制分为固定延时型和可变延时型两种形式。

① 在固定延时型的预热系统中，设置了预热定时器，定时器控制预热指示灯的发光时间和预热塞继电器接通的时间（预热时间）。其中，指示灯的发光时间约为 5s，预热时间约为 18s。以上两项都按固定时间控制，如图 6-25 所示。

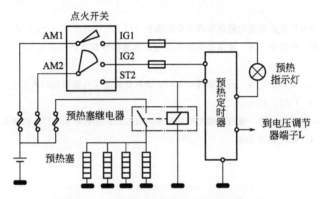

图 6-25　固定延时型预热时间控制电路

② 在可变延时型的预热系统中，预热定时器控制预热指示灯的发光时间以及预热塞继电器接通的时间（预热时间），都是根据柴油机冷却液的温度和交流发电机的电压（可用作柴油机的运转信号）所决定的，并随上述两项而变化，如图 6-26 所示。其中，指示灯的发光时间为 2～28s，预热时间为 2～55s。

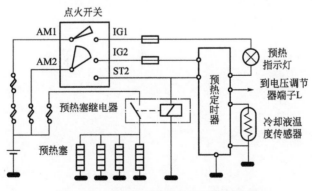

图 6-26　可变延时型预热时间控制电路

参考文献

［1］岳巍强，王朔，刘炳均，等．高原高寒地域中重型车辆进气预热起动辅助装置研究［J］．装备环境工程，2017，14（10）：41-46.

［2］张国彬，董宏国，程军伟．东风 1118GA 型汽车进气预热系统电路分析［J］．汽车运用，2010，（11）：34.

［3］张俊，王宇，杨天军，等．不同进气加温方式对柴油机低温起动性能影响试验研究［J］．内燃机，2020，（5）：43-45.

［4］张凌露，高李明．PTC 发热元件在车辆柴油预热中的应用［J］．汽车实用技术，2015，（2）：73-75，83.

［5］李明诚．柴油发动机预热装置的控制原理及合理维护［J］．汽车电器，2012，（12）：50-52，54.

［6］刘瑞林，靳尚杰，孙武全，等．提高柴油机低温起动性能的冷起动辅助措施［J］．汽车技术，2007，（6）：5-8.

［7］董素荣，张恒超，靳尚杰，等．进气预热对车用柴油机低温起动性能影响的研究［J］．陆军军事交通学院学报，2009，（11）：41-44.

［8］胡志远，谢毅，阚泽超，等．辅助加温对柴油机变海拔起动性能的影响［J］．同济大学学报（自然科学版），2018，46（6）：828-838.

第7章
柴油机高原低温起动集成技术

随着车辆极端环境适应性要求的提高，车辆装备冷起动辅助系统逐渐增多，进气预热系统、冷却液加热系统、超级电容系统以及燃油预热系统等同时存在，分别改善柴油机进气环境，提高冷却液温度、起动功率和燃油温度。多个系统独立工作，涉及的开关设备繁多、操作复杂等问题，给驾驶员带来极大的不便。

7.1 低温起动辅助系统集成化控制方案

7.1.1 多个低温起动辅助装置使用时存在的问题

（1）低温起动辅助系统控制原理

以某型车辆装有超级电容、进气预热和冷却液加热系统为例，各系统控制原理如下。

① 超级电容系统。超级电容控制原理图如图 7-1 所示。其工作原理是：首先，控制模块控制蓄电池给起动电容充电，使起动电容器电压升至 32V，蓄积足够的电能；然后，超级电容快速充满后（根据蓄电池亏电程度，充满约 1～3min），由超级电容和蓄电池同时对起动机放电提供充足的能量起动柴油机。

② 冷却液加热系统。冷却液加热系统控制原理图如图 7-2 所示。冷却液加热器由车载蓄电池或直流电源供电，使用柴油作燃料，可在 −41℃ 正常工作。油泵从油箱吸入燃油，在加热器燃烧室中挥发成燃油蒸气后与助燃空气混合充分燃烧，通过热交换器将热量传导给循环液体，同时可送入车厢散热除霜系统，然后流回柴油机（或水箱），达到预热效果。

③ 进气预热系统。进气预热系统控制原理图如图 7-3 所示。柴油机 ECU 控制进气预热，即进气预热到一定时间便关闭进气预热。

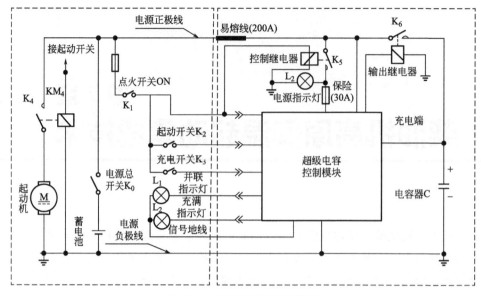

图 7-1　超级电容控制原理图

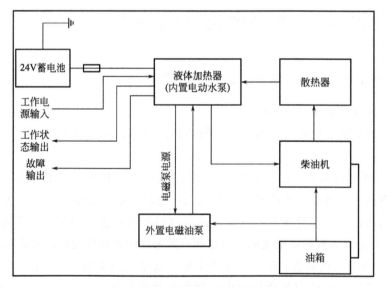

图 7-2　冷却液加热系统控制原理图

（2）存在的互相干涉问题

　　进气预热装置、冷却液加热器以及超级电容各系统相对独立，均受到电源总开关的控制，每个装置都有独立的操作开关，进气预热装置、超级电容还受到点火开关控制。低温－41℃环境下，为使柴油机顺利起动，冷却液加热器至

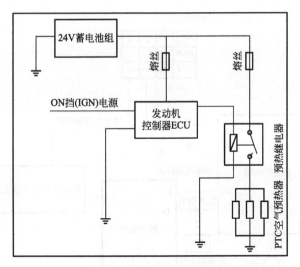

图 7-3　进气预热系统控制原理图

少工作十几分钟。点火开关接通后，柴油机 ECU 通过温度传感器检测温度，根据预设的逻辑程序，判断是否执行进气预热操作，加热时间小于 1min；同时，点火开关接通后，超级电容开始充电，电压升高，至充电完成需要 3min 时间，充满电后，如果点火开关断开，超级电容与蓄电池并联，电容放电。

由于进气预热装置、超级电容都受到点火开关控制，但进气预热、电容充电时间不同，如果电容充电完成再起动柴油机，进气预热 2min 前已完成，此时进气预热已无效果；如果进气预热完成就起动柴油机，电容充电只进行 1min，还没充满，超级电容达不到应有的效果。因此，需要集成控制。

7.1.2　集成化控制方案

某车辆冷起动控制系统总体方案如图 7-4 所示，冷却液加热器、超级电容与柴油机进气预热器均由冷起动控制器控制。当冷起动控制器检测到冷起动开关接通信号后，会根据不同的环境温度自动控制冷却液加热器、超级电容与柴油机进气预热器工作顺序及时间，自动完成冷起动准备工作，并发出准备完成信号，通过显控装置声光报警提醒驾驶员。

基于冷起动控制器的控制系统，实现了柴油机"一键起动"操作，极大地简化了操作流程。冷起动控制器检测到冷起动信号指令后，会根据不同的大气温度自动处理冷却液加热器、超级电容和柴油机进气预热器的工作顺序及时间，自动完成冷起动过程预热工作，并发出准备完成信号。冷起动控制器反馈的系统工作状态，可以通过车载显示装置查看。

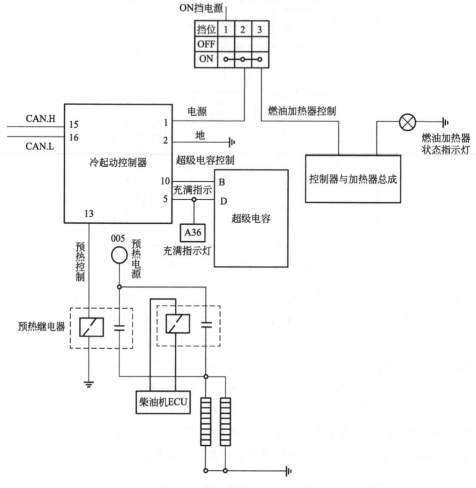

图 7-4　冷起动控制系统原理图

7.2　低温起动辅助系统集成应用实例

东风天锦车辆采用 ISDe 电控高压共轨柴油机，配置起动超级电容、燃油加热系统和冷却液加热系统等辅助措施，引入电控智能化管理，保证车辆在极寒条件下的顺利起动。

7.2.1　超级电容系统

由于蓄电池不适合大电流放电且低温性能较差，而超级电容单独使用时无法长时间提供大电流放电，因此将蓄电池和超级电容混合起来一起使用共同作为起动电源，改善柴油机的低温起动性能。超级电容安装在车辆中部横梁，其电气原理图如图 7-5 所示。超级电容工作时与蓄电池电源电路并联，实现先充电，在起动一瞬间放电辅助蓄电池给起动机提供瞬间大电流，满足低温环境下的起动电流需求。

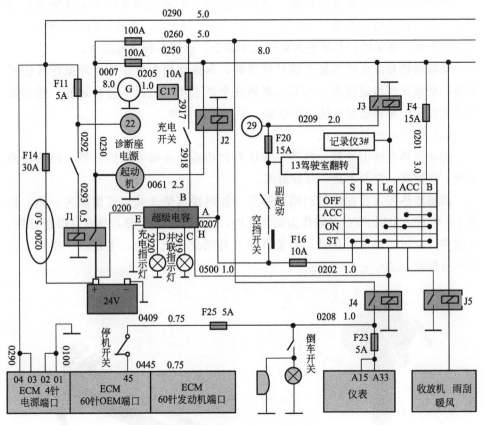

图 7-5　超级电容电气原理图

具体工作过程如下：

① 超级电容并联接入。闭合总电源开关，将点火开关置于 ON 挡位置，超级电容通过 0500 线收到 ON 挡信号，按下超级电容充电开关，超级电容通过 2918 线收到信号，并联指示灯亮。超级电容接入整车电气系统。

② 充电程序。超级电容并入电气系统，约 60～180s 后，超级电容充满指示灯（红色）点亮，表示超级电容已充满。

③ 起动放电程序。当点火开关打到 ST 挡时，超级电容总成通过 0207 线收到起动机控制信号，并通过 0200 主火线与蓄电池一起向起动机供电，完成起动

过程。

④ 充电程序。完成起动后，闭合充电开关，充电指示灯点亮显示充电状态。

7.2.2 燃油加热系统

（1）燃油加热系统功用

柴油加热系统的功能是保证车辆顺利起动，车辆使用零号柴油或降低标号使用柴油，在环境温度为−40℃条件下，车辆停放24h，燃油加热系统预热5～15min左右，整车燃油系统进入正常工作状态，保证车辆顺利起动。

柴油加热系统也可保证车辆持续运转，车辆使用零号柴油或降低标号使用柴油，柴油在环境温度为−40℃，车辆在全速全负荷工况下持续运转，燃油加热系统能保证车辆燃油系统工作正常，整车运转正常。

（2）燃油加热系统组成

燃油加热系统由油箱加热器、滤清器加热器、燃油管路加热器、回油转换装置、温控器、控制电路6部分组成。

油箱加热器安装在油箱出油口部位，加热器与柴油吸油管集成为一体，如图7-6所示。采用PTC材料作为加热元件，工作安全、可靠，具有自保护特性。其结构为全封闭集成一体式，安装方便并且完全杜绝了油、电接触，使安全性更加有保障。

图 7-6　油箱加热器

在油箱加热器总成上设置有回油转换装置（图7-7），通过转换该装置位置，可实现冬季运行时柴油机回油管的燃油直接进入油箱进油口，充分利用已经加热燃油的热量，优化燃油加热系统的功率。

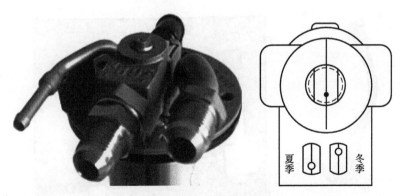

图 7-7　加热器回油转换装置

滤清器加热器（图 7-8）同样采用 PTC 加热材料作为加热元件。滤清器加热器通过螺栓安装在滤清器壳体外，内部设有温度控制器。

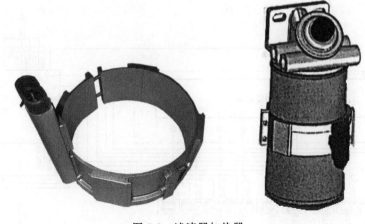

图 7-8　滤清器加热器

燃油管路加热器结构新颖独特，温度控制器与加热线直接布置在原车燃油管路内（图 7-9），不改变原车燃油管路布置，不会造成原车底盘状态的改变。

每个加热器均由一个温控器控制，在燃油温度低于 7℃±3℃ 时接通，开始对燃油加热，高于 24℃±3℃ 时断开，自动停止加热。保证柴油机随时处于安全、良好的供油工作状态。

燃油加热系统的控制电路由接线盒、显示器、开关、温控器及连接线束构成。控制电路为保证加热系统的安全以及防止蓄电池严重放电而亏电，在功能设计上采取了三重开关设计。只有当整车电源总开关闭合、燃油加热系统开关闭合和点火开关闭合时，系统才接通工作。为防止某路加热线路因故障发生短

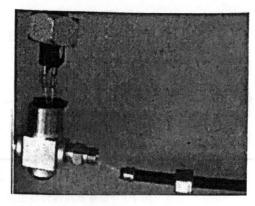

图 7-9　燃油管路加热器

路引起安全风险，在接线盒内部为每路加热线路单独设置保险盒继电器。燃油加热系统的控制电路如图 7-10 所示。

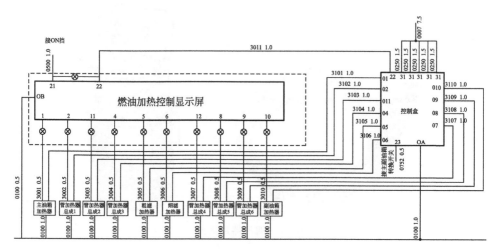

图 7-10　燃油加热系统电路原理图

　　燃油加热系统电源开关包括一个翘板开关，12 只指示灯及接插件等（图 7-11），将燃油加热系统的回油转换装置的开关转换到冬季位置，将燃油加热系统电源开关打开，进入冬运带加热模式，打开开关，观察显示器指示灯的工作状态，指示灯显示蓝色表示未加热，显示绿色为加热状态，显示红色为故障状态。根据环境温度及所加油品的不同预热，数分钟后可以正常起动车辆。

　　为了保护新电池，一般情况下，柴油机停机状态下预热时间不应超过 30min，起动柴油机后应怠速预热一段时间，使冷却液温度达到车辆的要求后再行车，以便燃油获得足够的持续的加热能量，如果在自检过程中发现红色指示

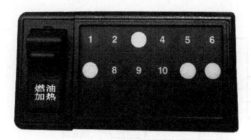

图 7-11　燃油加热系统电源开关

灯亮，表示该指示灯所对应的加热器或相关电路存在故障，应及时检查维修。

　　如果发现某个指示灯从不显示绿色，应检查其所对应的温控器是否损坏，保险是否熔断，建议每天收车时做一次自检观察，显示器如果有故障，应及时报修，为第二天出车做好准备，否则经过一夜的冷冻后，燃油加热系统存在故障的车辆可能会出现起动困难。

　　在柴油机停止运转后，必须及时关闭车辆电源开关，至少应关闭起动开关，避免燃油加热系统此时继续工作，消耗蓄电池的电量，在柴油机熄火状态下，如果必须较长时间使点火开关处于"ON"位置时，必须将燃油加热开关关闭，以减少对蓄电池电量的消耗。

7.2.3　燃油液体加热系统

　　燃油液体加热器是一种采用燃料燃烧换热的方式加热柴油机冷却液以达到预热柴油机目的的加热装置。由直流电源供电，使用柴油作燃料，可在 -40℃ 下正常工作。燃油液体加热器布置形式如图 7-12 所示。

　　燃油液体加热系统主要由加热器、热交换器、进出水管、电动油泵等组成。加热器主体分为燃烧头、燃烧体和热交换器三大部分以及独立循环水泵。其中燃烧头包括加热电机、电磁泵（外置）和助燃风轮，负责提供燃油和助燃空气。加热电机、电磁泵和助燃风轮同轴安装，风量和供油同时变化，保证在不同电压转速下工作稳定；燃烧体部分包括中心连接体和导流盘、燃烧室、点火塞、燃油挥发网，此部分保证油气混合物充分燃烧产生热交换时所需的热量；热交换器保证燃烧体产生的热量充分传递给循环液体。

　　燃油液体加热系统控制电路由控制模块和传感器及线路组成。燃烧过程中如果机体超温（水温高于 95℃），过热保险（手动复位）会断开，切断电动油泵供电电路，停止加热器供油，使加热器熄火冷却，防止意外发生。

　　系统工作时由电动油泵从油箱吸入燃油，通过热交换器将热量传导给循环液体，循环液体流回柴油机或水箱，达到柴油机冷却液的效果。

153

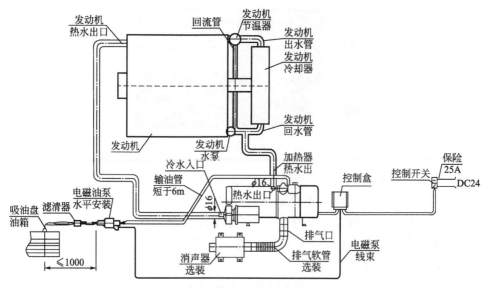

图 7-12　燃油液体加热器布置

当驾驶员按下驾驶室加热器开关后，仪表上燃油液体加热器电源指示灯亮，此时加热器控制器会对汽车蓄电池电压进行测量，电压低于 20V 或高于 32V，加热器会报警并指示故障；若电压正常，加热器水泵运转。当水温低于 65℃ 时，控制电路会控制加热器根据操作程序自动工作。首先点火塞通电预热约 30s，达到额定温度后电磁油泵通电工作，燃油被油泵吸入送到挥发网上，燃油立即挥发并与助燃风轮送入的助燃空气混合，油气混合物在点火塞高温的作用下迅速在燃烧室中燃烧，同时燃烧的废气加热热交换器中的循环液体后由排气管排出，随着热交换器的温度上升，控制电路切断点火塞供电，加热器正常燃烧，热交换器中加热的循环液体在水泵的作用下，在整个柴油机冷却系统中循环，达到预热柴油机的目的。如果加热器在规定时间内未能正常工作，则加热器再次点火，如果连续两次加热器仍不能正常工作，或加热器已经正常工作，而控制电路没能检测到，控制电路会自动断电，然后主电机吹风约 90s 后状态指示灯指示故障状态。加热器进入燃烧取暖状态，当加热器出水温度达到 60℃ 时，加热器采用变频脉宽调制方式，逐步自动减小发热量以降低油耗，水温达到 80℃ 停止加热，主电机延时工作使加热器冷却，主电机停止工作后状态指示灯会熄灭。当加热器水温传感器感应到加热器出水温度低于 65℃ 时，控制电路会再控制加热器自动工作，如此循环往复。

关机时控制电路首先关断电磁泵加热器停止燃烧，加热器温度逐步降低，约 3min 后，火焰探测器探测到机器冷却后停止加热。加热器在正常工作时禁止切断总电源开关，以防止加热器内热量无法散出，损坏加热器。

加热器与柴油机的小循环串联有利于尽快加热柴油机体内循环液体，一般情况下，在 −40℃ 的环境中开启加热器 15min 左右，柴油机就可以正常起动，使用燃油加热器不但可以加热柴油机机体，还可以同时给驾驶室取暖。

7.2.4　进气加热器

ISD 柴油机在中冷器与进气歧管之间安装进气加热器，该加热器由 PTC 材料制成，由 ECM 通过继电器控制。进气加热器内部接地，在气温较低时，进气加热器工作，加热进入汽缸内的空气，使柴油机易于起动着车。

进气加热器的工作过程：点火开关接通，如果柴油机温度低于设定值，ECM 给继电器供电，进气加热器开始预热，起动机工作时进气加热器断电，保证起动机所需的大电流；起动成功后，如果进气管温度仍低于设定值，ECM 会自动使进气加热器加热，以减少柴油机冒白烟。

参考文献

[1] 杨国超，苟斌，杨威，等．军用车辆冷起动辅助系统集成研究 [C]．2016 中国汽车工程学会年会论文集．

[2] 李朝琪．东风天锦 EQ1120GA 型柴油车电控系统浅析 [J]．汽车电器，2020，(3)：77-80．

[3] 吴兵舰，毛耿．天锦 EQ1120GA 电源电路故障诊断 [J]．汽车维修，2019，(1)：12-13．